小户型装修的

数码创意
编著

家居选材

U0225888

机械工业出版社
CHINA MACHINE PRESS

本书详细介绍了装修小户型所涉及的家居选材问题，本书共分五章，分别是吊顶的选材与装修、地面的选材与装修、墙面的选材与装修、家具的选材与装修以及装饰品的选材与装修，具体而准确地讲解了在小户型居室装修过程中，各个部位不同装修材料的应用以及各自的优缺点。本书精选了三百多张最新、最实用的精美案例图片，同时配以简洁实用的文字说明，并且带有专业性很强的提示建议，图文并茂的表达形式，能帮助读者一目了然地掌握关于小户型居室装修时家居选材的相关知识，专业实用而且通俗易懂。本书内容精彩，印刷精美，具有很强的指导性和建议性，不仅可以满足普通家装爱好者和准备家装的业主的需求，而且对于专业的家装设计人员也有一定的启发和引导作用。

图书在版编目（CIP）数据

小户型装修的家居选材/数码创意编著. — 北京 ：
机械工业出版社，2013.12
（巧装小户型）
ISBN 978-7-111-45235-5

Ⅰ.①小… Ⅱ.①数… Ⅲ.①住宅-室内装修-装修材料 Ⅳ.①TU56

中国版本图书馆CIP数据核字（2013）第307175号

机械工业出版社（北京市百万庄大街22号　邮政编码 100037）
策划编辑：张大勇　　　　　责任编辑：张大勇
责任校对：薛　娜　　　　　封面设计：李　倪
责任印制：李　洋
北京汇林印务有限公司印刷
2015年5月第1版第1次印刷
210mm×285mm　　8印张　　136千字
标准书号：ISBN 978-7-111-45235-5
定　　价：38.00元

凡购本书，如有缺页、倒页、脱页，由本社发行部调换
电话服务　　　　　　　　　网络服务
服务咨询热线：（010）88361066　机工官网：www.cmpbook.com
读者购书热线：（010）68326294　机工官博：weibo.com/cmp1952
　　　　　　　（010）88379203　金书网：www.golden-book.com
封面无防伪标均为盗版　　　　教育服务网：www.cmpedu.com

PREFACE 前言

在现代都市中，我们可以将小户型理解为具有相对完整的配套以及功能齐全的"小面积住宅"，是一种方便、快捷、时尚、优雅生活方式的完美代言。经过不断发展，小户型居室变得越来越丰富多样，功能方面得以不断完善，小户型的使用率、性价比、居室的舒适度和健康环保度等都得以一定程度的提高，因此，越来越多的人选择小户型居室作为自己未来的家。虽然小户型居室在空间面积上受到了客观条件的限制，但是其中的温馨感和幸福气息没有因此而出现丝毫的缺失，只要在设计和布置上足够巧妙创新，就能打造一间舒适惬意、浪漫温馨的小户型居室空间。

对于小户型居室的装修布置来说，各个部位的家居选材是至关重要的，根据居室的风格定位、不同空间的功能性等多方面因素，吊顶、地面、家具等装修选材应该有所不同、有所侧重，从而满足小户型居室的装修以及家人的健康、舒适生活。然而，在家居装修过程中，吊顶、地面、墙面等部位的材料具有很多选择，究竟如何为小户型居室的装修恰当选材？本书将会针对这一问题进行详细的介绍。

《巧装小户型——小户型装修的家居选材》一书详细地介绍了关于小户型居室装修时各个部位的选材问题，本书共分为吊顶的选材与装修、地面的选材与装修、墙面的选材与装修、家具的选材与装修以及装饰品的选材与装修五章，针对不同材料具体而准确地阐述了它们各自的优点和缺陷，帮助读者了解更多的装修选材知识。本书挑选了三百多张精美的实景案例图片，并为每幅图片配以简洁精练的文字说明，同时附带专业性的提示建议，涵盖了小户型居室装修中可能会用到的所有材料，帮助读者正确挑选各种装修材料。

本书内容丰富，制作印刷精美，图文并茂的表达形式和清晰的知识结构，具有极强的指导性和实用性，非常适合准备进行装修的业主和普通的家装爱好者，以及专业的家装设计人员阅读参考。

参加本书编写的人员有：李倪、张爽、易娟、杨伟、李红、胡文涛、樊媛超、张严芳、檀辛琳、廖江衡、赵丹华、戴珍、范志芳、赵海玉、罗树梅、周梦颖、郑丽珍、陈炜、郑瑞然、刘琳琳、楚晶晶、赵静宇、惠文婧、袁劲草、费晓蓉、钟叶青、周文卿、陈诚等。由于作者水平有限，书中难免有疏漏之处，恳请广大读者朋友给予批评指正。若读者有技术或其他问题可通过邮箱xzhd2008@sina.com和我们联系。

CONTENTS 目录

前言

第①章 吊顶的选材与装修

第❷章 地面的选材与装修

第❸章 墙面的选材与装修

第4章　家具的选材与装修

第5章　装饰品的选材与装修

第1章
吊顶的选材与装修

吊顶的设计在家居装修过程中占有重要的地位，特别是在小户型居室中，是否设计吊顶，吊顶的造型，装修吊顶所选的材质，都会影响空间格局的变化以及风格意境的呈现。小户型吊顶的设计应该在注重美观性的基础上，确保不要给空间造成压迫感，让空间美感与舒适度俱佳。

1.1 石膏板、矿棉板装饰吊顶

　　石膏板与矿棉板都是家装吊顶常用的材料，特别是石膏板，是目前应用最为广泛的一类吊顶装修材料。石膏板与矿棉板都具有吸声、隔热、防火、质轻等诸多优点，而且它们的造型可塑性强，能给居室带来美观的装饰效果，还有重要的一点是，这两种装修材料在价格上较为低廉，是非常经济的选择。小户型居室的吊顶设计不能占用太多空间，又不能过于奢侈，所以石膏板和矿棉板是不错的选择。

方案 01 注重视觉美的吊顶设计

吊顶选材： 石膏板等

设计主题： 采用石膏板装修客厅空间的吊顶，并将其设计成凸状造型，既强化了室内的空间结构感，也是为了迎合正中间位置的吊灯布置，搭配在一起的视觉效果非常显著。

精彩细节： 小户型居室的层高一般，所以在设计吊顶时不能占用过多的空间，采用平整的矿棉板设计吊顶，简单而大气，能将吊灯和客厅的其他元素衬托得更加明显。

方案 02 各取所需的吊顶设计

吊顶选材： 石膏板、矿棉板等

设计主题： 开放式的小户型居室在设计吊顶时采取石膏板与矿棉板搭配使用的方式，分别利用石膏板的多造型效果和矿棉板的简单质朴，让室内空间变得更加美观、舒适。

01

02

方案 03
不同空间的不同吊顶

吊顶选材： 石膏板、玻璃等

设计主题： 玄关采用石膏板与磨砂玻璃组合的吊顶，而客厅吊顶则全部使用石膏板来设计，既可以作出造型安置灯饰，又有很高的安全性。

精彩细节： 用石膏板在卧室顶棚的中间位置设计出凹状造型，能拉升空间的高度，减缓小户型居室带来的压抑感，让休息环境更舒适。

方案 04
浅色的优雅吊顶

吊顶选材： 纤维石膏板等

设计主题： 客厅空间的色彩感和装饰效果的层次感已经非常丰富，所以在设计吊顶时，主人选用了纤维石膏板，优雅的弧线形加上浅色调，让空间看起来干净利落了许多。

方案 05
条状石膏板作吊顶

吊顶选材： 石膏板等

设计主题： 整个客厅展现出的古典、怀旧韵味非常浓郁，所以主人保留了暗黄色的顶棚装饰，只是采用条状石膏板进行了简单的吊顶设计，来增加空间的结构感和美观度。

方案 06
灯饰点亮吊顶设计

吊顶选材： 矿棉板等

设计主题： 主人使用平整、严谨的矿棉板来装修客厅吊顶，很符合小户型居室整洁、清爽的氛围，更具有良好的吸声、隔热等优点。为了缓解矿棉板吊顶的单调感，主人利用明亮吊灯和吊顶灯带为其进行了点缀性的装扮。

提示 | 居室是否设计吊顶的思考

近年来，越来越多的人不赞成居室中设计大规模的吊顶，主张该观点的人们认为，吊顶所需的花费比较多，而且还会降低室内的层高，尤其不适合小户型居室。但是设计吊顶有时还是非常有必要的，例如，为了掩盖顶棚的缺点，取得更好的装饰效果和气氛，多会选择做吊顶的方法。除此之外，卫浴间和厨房的装修过程中设计吊顶的比例呈上升趋势，之所以人们会在这两个空间中做吊顶造型，主要是为了防止水蒸气侵蚀顶棚，而且设计吊顶后也方便油渍、尘埃的擦洗，还能遮挡上下水管，使室内变得更整洁。

方案
07
石膏板吊顶的优雅造型

吊顶选材： 石膏板等

设计主题： 在这间不规则形状的客厅中，石膏板吊顶的多造型特征得以完美地展现，优雅的圆环设计搭配灯饰更具美感。

方案
08
整洁吊顶装修餐厅

吊顶选材： 纤维石膏板等

设计主题： 要想营造优雅、高品位的用餐氛围，不能仅仅依靠古典、高贵的餐桌椅家具以及典雅的装饰品，要从吊顶、墙面等大环境营造意境。纤维石膏板设计的餐厅吊顶整洁而带有凹凸造型，层次感很强，与吊灯的搭配效果也十分和谐；同时，从实用性的角度来看，纤维石膏板吊顶的隔热、防火、吸声等能力很强，很适合餐厅使用。

方案
09
简约吊顶的双重效果

吊顶选材： 石膏板等

设计主题： 小户型客厅在设计吊顶时要注意不能给空间造成压迫感，石膏板材质的吊顶造型简约、整洁，让空间显得更加宽敞明亮，而且与灯饰搭配，还具有很好的空间装饰效果。

方案 10
吊顶设计让卫浴更美观

吊顶选材： 纤维石膏板等

设计主题： 主人布置卫浴空间时使用了镜饰、壁灯、屏风等大量古典风格的元素，营造出的整体氛围高贵而典雅，非常浪漫；此时利用石膏板设计出的梯形吊顶造型与整体氛围非常谐调，而且其吸声、保温等功能也很实用。

方案 11
极具空间感的吊顶设计

吊顶选材： 矿棉板、石膏板等

设计主题： 室内的整体吊顶设计采用优质矿棉板，简单严肃，抗下陷功能强，能保证居室的高贵气质不受影响；在不同空间的分隔处使用石膏板作造型，取其稳定性好和美观度高等优点。

方案 12
井格式吊顶的空间感

吊顶选材： 石膏板、轻钢龙骨等

设计主题： 古典沉稳风格的客厅空间中，吊顶设计非常经典。由轻钢龙骨与石膏板搭配设计的井格式吊顶结实稳固、装饰性强，赋予了空间很好的结构感和层次感，视觉效果非常精彩。

方案 13
布满灯饰的石膏板吊顶

吊顶选材：纤维石膏板等

设计主题：优雅高贵的客厅必须设计吊顶来映衬整体意境，石膏板吊顶美观而大方，整体性和立体感都很强，更关键的是方便操作，可以根据主人的要求在上面设计灯饰。

方案 14
中空式的石膏板吊顶

吊顶选材：纸面石膏板等

设计主题：采用纸面石膏板设计简约风格的客厅吊顶与整体环境非常搭配，利落大方的外观加上其独有的表面平整、尺寸稳定、便于切割等优质特性，将其设计成中空式吊顶非常方便，且不失美观。

> **精彩细节：**石膏板很适合客厅中大面积的吊顶设计，超强可塑性也能与吊顶上的灯饰实现完美搭配。

方案

15
梯形造型的石膏板吊顶

吊顶选材： 石膏板等

设计主题： 为了与客厅中高贵、优雅的风格相搭配，主人用石膏板设计出梯形造型的吊顶，方便施工的特性使其与墙壁的吻合度很高。

方案

16
浪漫优美的吊顶设计

吊顶选材： 石膏板等

设计主题： 卧室的吊顶设计也应该追求浪漫温馨感，石膏板吊顶质轻、吸声、不易变形，安全性和舒适度都非常高，再设计出优雅造型，搭配上灯饰设计，能为空间增色不少。

精彩细节： 石膏板吊顶方便安置灯饰，而华贵吊灯让石膏板吊顶更显美感。

方案 **17**
浮雕图案的石膏板吊顶

吊顶选材： 装饰石膏板等

设计主题： 整个客厅的布置装饰简约经典，没有过多的修饰性元素，所以设计吊顶时，主人采用装饰石膏板为主要材料，方便作出浮雕图案、圆环造型等样式，增强空间的美感。

方案 **18**
古雅空间的梯形吊顶

吊顶选材： 石膏板等

设计主题： 梯形石膏板吊顶隔声性和隔热性非常强，很适合布置在这样的古雅空间中，显得十分静谧。

精彩细节： 石膏板设计出的吊顶造型非常适合安装吊灯，而且与下方的圆形餐桌构成了呼应。

方案 **19**
简约而不失优雅大气的吊顶

吊顶选材： 纸面石膏板等

设计主题： 以纸面石膏板为主要材料的居室吊顶呈现出圆环形的梯级分布，虽然看起来简单素雅，但仍不失其优雅、大气的装饰效果。

20

呼应墙面装饰的吊顶设计

吊顶选材： 石膏板等

设计主题： 开放式格局通过半隔断墙和凹凸形吊顶造型来划分不同的功能性空间。卧室中采用石膏板作吊顶，特意将其设计成凹形模式，与墙面储物柜装饰形成呼应，给空间打造了富有节奏的空间结构感。

21

石膏板吊顶的精美造型

吊顶选材： 装饰石膏板等

设计主题： 餐厅位于居室的玄关处，营造良好的用餐环境是非常必要的。要在吊顶上作出精美优雅的造型，可塑性强的装饰石膏板无疑是最好的选择，而且还和镂空雕花隔断墙构成了呼应。

精彩细节： 使用石膏板作室内吊顶能让顶棚与墙壁的衔接处更具过渡性，不会显得过于生硬。

1.2 铝扣板、铝塑板装饰吊顶

铝扣板和铝塑板是新型的吊顶装修材料，最近几年在家居吊顶装修中的使用率逐步上升，得到了人们的认可和信赖。使用铝扣板或铝塑板设计小户型居室的吊顶，可以完美地呈现出一种精致、整洁的环境和氛围，避免给小户型居室带来繁杂、局促的视觉感受；而且这两种材料装修吊顶的使用期限较长，清洁、保养措施也非常方便，能为以后减少很多不必要的麻烦，是家庭装修的良好选择。

方案 01 大方厚实的简约吊顶

吊顶选材： 铝塑板等

设计主题： 室内空间以经典、优雅的高贵风格来设计，非常抢眼，而吊顶装修则使用铝塑板为主要材料，简单大方的设计加上厚实的质感，为客厅营造了整洁、舒适的氛围。

精彩细节： 铝扣板为主材料的吊顶设计精致、简约，与客厅的现代时尚风格非常谐调；同时，铝扣板本身的白色系纯净而柔和，能让小户型的居室空间看起来宽敞明亮。

方案 02 光亮感极好的吊顶设计

吊顶选材： 铝塑板、石膏板等

设计主题： 表面附有一层薄膜的平面铝塑板设计客厅的吊顶，能产生很好的光亮感，会让空间变得明亮舒畅起来。如果担心过于单调，可以在边缘处搭配带有造型的石膏板吊顶。

01

02

03
方案 讲究实用性的吊顶设计

吊顶选材： 铝塑板等

设计主题： 客厅中电视背景墙、原木家具以及水晶灯饰等元素各具特色，所以吊顶、地面等硬装设计应该以简单、实用为主要原则，铝塑板吊顶简约大方，使用期限长且性能良好，是现代家装的不错选择。

04
方案 全金属的厨房吊顶

吊顶选材： 铝扣板等

设计主题： 鉴于厨房空间的特殊环境，主人选用全金属的铝扣板来设计室内吊顶，极强的复合牢度、适温性、抗污染性以及方便清洁的特征使其在厨房中能发挥出最大的自身优势。

05
方案 朴实无华的吊顶设计

吊顶选材： 铝塑板、石膏板等

设计主题： 因为小户型居室的层高不是很高，所以不利于设计造型太过复杂的吊顶，以免形成压迫感。平面式的铝塑板吊顶利落大方，能节省材料和工事，而且实用功能丝毫不会打折。

悬吊格栅式的吊顶设计

吊顶选材： 铝扣板、铝塑板等

设计主题： 客厅空间的局部区域采用悬吊格栅式吊顶造型，非常适合搭配灯饰以及装饰性线条，能丰富天花板的造型，同时对客厅空间进行合理地分区。要注意的是，悬吊格栅式吊顶最好使用铝扣板等复合牢度强的材质。

方案 **07**
明亮空间的铝塑板吊顶

吊顶选材： 铝塑板等

设计主题： 主人使用铝塑板设计空间吊顶，追求的是其整洁、大方的视觉效果和质轻、高强的实用性特点。而且，在这间光线充足的明亮客厅中，只有无色差的铝塑板才最显美观。

精彩细节： 要追求异形的优雅美感和整洁大方的视觉效果相结合，方便切割、灵活性强的铝塑板是最佳的材料选择，而且具有环保无毒、安全性高等优点。

方案 **08**
铝扣板设计卫浴吊顶

吊顶选材： 铝扣板等

设计主题： 卫浴空间水汽和湿气的浓度很大，石膏板等材质的吊顶使用期限会很短，所以铝扣板才是最好的选择，优良的板面涂层性能和强适温性能让其适应卫浴间的独特环境。

06

07

08

方案 09 铝扣板吊顶装饰客厅区域

吊顶选材： 铝扣板、石膏板等

设计主题： 开放式空间中，家人的用餐区域使用石膏板设计，显得温和舒适。而简约、时尚的客厅空间中采用光亮的铝扣板装修吊顶，方格状布置的造型展现出十足的新颖感，让客厅空间更显精致与优雅，立体感很强。

方案 10 各取所长的吊顶设计

吊顶选材： 铝塑板、石膏板等

设计主题： 卧室吊顶的整体造型属于凹形样式。凹状区使用吸声、隔热等功能俱佳的铝塑板材质，给人舒适的生活体验；在边缘处使用少量的石膏板作造型，增强其美观度和视觉效果。

> **精彩细节：** 优雅的客厅空间在设计吊顶时采用了铝塑板与石膏板两种材质，分别汲取了它们的功能实用性和造型美观性，精致的设计展现了主人高雅的生活品位。

方案 11
防潮性的卫浴吊顶

吊顶选材： 铝塑板等

设计主题： 双面金属铝材并覆有保护性涂层或薄膜的铝塑板设计卫浴吊顶，防潮、保温效果极佳；局部作出的镂空造型也非常结实、安全。

方案 12
不失优雅的实用性吊顶

吊顶选材： 铝扣板等

设计主题： 卫浴的整体风格古典高贵而又优雅浪漫，所以在设计吊顶时一定要注意与整体意境相谐调；同时，卫浴间的潮湿环境又给吊顶带来了严肃的实用性考验。因此，主人选用了色彩柔和、美观大方的铝扣板作吊顶主材料，光亮感的装饰效果非常大气。更重要的是，全金属材质的铝扣板在卫浴中有较强的适用性和使用时间上的长久性。

方案 13
统一色调的卫浴空间

吊顶选材： 铝扣板等

设计主题： 整个卫浴空间的装饰设计使用统一的铅灰色，给人一种低调的典雅感觉。在吊顶设计方面，铝扣板在色调上的多选择性恰好能满足这一需求，而且铝扣板吊顶在防水防潮、隔热保温以及安全环保等方面具有无可媲美的优势。

方案 14
厚实无华的铝塑板吊顶

吊顶选材: 铝塑板等

设计主题: 三层复合铝塑板厚实平整,非常适合类似于此的大面积整齐吊顶,打造出的视觉效果非常强烈。简单无华的铝塑板吊顶还能更好地映衬出客厅中各种元素所展现的风格。

方案 15
光亮的纯净色吊顶

吊顶选材: 铝扣板等

设计主题: 采用纯净的白色铝扣板设计客厅吊顶,加上其简单、平整的造型,让小户型的客厅空间变得宽敞明亮了许多。质轻、吸声以及隔热等优点能让主人享受到更舒适的生活。

提示 如何鉴别铝扣板以及铝扣板的作用

在鉴别铝扣板的时候,除了要注意铝扣板表面的光洁度以外,还要观察一下板材的薄厚是否均匀,然后再用手捏一下板材,感觉一下其弹性和韧性是否良好。

一般来说,家用铝扣板最常使用的地方就是卫浴间和厨房。卫浴间在安装吊顶以后,房间的空间高度会降低很多,在冬季的时候,水蒸气很容易向周围扩散,如果空间很狭窄,人们就容易感到憋闷、不适,但是用风扇加快空气流通又会显得太冷。此时,镂空雕花造型的铝扣板就能发挥很好的作用,非常实用。

1.3 PVC板装饰吊顶

PVC板是指以PVC为原料制成的截面为蜂巢状网眼结构的板材，是家装吊顶的一种常用材料，具有很多自身独特的优点，所以广受人们的肯定。在小户型居室中，无论是厨房，还是卫浴间等，往往面积都比较有限，所以吊顶的设计应该以施工方便、大方美观为主要原则。PVC板具有可钻、可锯、可刨等方便加工的优点，而且价格上经济实惠，用它装修小户型吊顶非常合适。

方案 01
实木与PVC板的结合

吊顶选材： PVC板、实木等

设计主题： 厨房的吊顶以PVC板为主材料，再辅以实木框架，既能和古典质朴的厨房风格相谐调，又能展示出PVC板很好的实用性能。

方案 02
条形吊顶拉宽空间感

吊顶选材： PVC板等

设计主题： 客厅空间比较窄，容易让人觉得拥挤，所以在吊顶设计上采用了横向条形样式，能拉宽空间感。方便加工的PVC板当然是最好选择，色彩的多样性还能使吊顶与整体氛围相谐调。

精彩细节： 主人使用强度和硬度都很大的PVC板设计阁楼空间的吊顶，非常合适。

01

02

提示 PVC板的特点和性能

PVC板的价格比较便宜，而且重量比较轻，能很好地防水、防潮、防蛀，花色图案也比较多，一般多为素色调。

03

方案 03
光滑平整的客厅吊顶

吊顶选材： PVC板等

设计主题： 客厅吊顶全部使用PVC板来设计，视觉感光滑平整，非常美观，更好地衬托出了客厅空间的古典、雅致风格。

04

方案 04
局部空间设计PVC板吊顶

吊顶选材： PVC板等

设计主题： 居室的玄关处使用PVC板来设计吊顶，可以明显地与客厅、餐厅等空间区分开来。而且PVC板材质的吊顶防潮、防蛀、不吸水、不变形，用在玄关区域也非常合适。

精彩细节： 洗漱区吊顶以PVC板为主材料，主要是取其防潮、绝缘等特点。

1.4 木材、玻璃等材质装饰吊顶

虽然铝扣板、石膏板等材质的吊顶以及集成吊顶在当下很流行，但是有人讲究装饰效果或为了与空间整体实现和谐搭配，会创意性地采用木材、玻璃等较为新颖的材质来设计吊顶。木质吊顶的设计往往直接安装在天花板上作龙骨造型，而舍弃罩面板装饰；玻璃吊顶一般是为了加强美观性而设计的辅助式造型。不难想象，这些独具创意理念的吊顶或许能给小户型居室带来一种视觉美感，从而缓解面积较小的现实。

方案 01
阁楼卧室的木质吊顶

吊顶选材： 实木材质等

设计主题： 阁楼上的卧室中大面积采用木质装饰，所以设计吊顶时也选用了实木材质，看起来很有整体感。木质吊顶的无罩面板造型也让小户型卧室变得高挑了许多，居住其中非常舒适。

精彩细节： 阁楼空间中，主人以实木框架作龙骨造型，放弃了常见的罩面板装饰，透着一种原始自然感，同时也和餐厅中原木材质的各种装饰构成了呼应，非常完美。

方案 02
原木龙骨作吊顶

吊顶选材： 原木材质等

设计主题： 简约客厅中木质装饰非常丰富，很有淳朴、自然的气息。因为这间小户型居室的层高有限，所以主人只是在天花板上设计了原木材质的龙骨当做吊顶，但同样不失唯美。

01

02

方案 03
安全美观的客厅吊顶

吊顶选材： 纤维石膏板、玻璃等

设计主题： 钢化玻璃材质为客厅吊顶的中心部分，时尚而华丽；之所以外围部分用石膏板进行包装搭配，是为了保证整个吊顶的安全性。

03

精彩细节： 开放式居室空间的局部吊顶选用钢化玻璃材质，光亮而整洁，能让光线更好的散射，有很强的装饰效果，但是一定要注意安装时的安全性。

方案 04
儿童房的吊顶设计

吊顶选材： 原木材质等

设计主题： 儿童房中的装修应该以健康、环保为首要原则，所以选择原木材质来设计吊顶非常合适，超高安全保障以及多变的造型设计都是适合孩子的布置。

04

第2章

地面的选材与装修

　　小户型居室的空间虽小，但是小家依旧需要温馨的居住氛围。如何通过地面装修来搭配空间的整体风格，营造惬意的居住环境，是每一位业主都要面对的问题，而且在地面装修时使用哪种材料还要符合主人的性格特点和爱好。本章就讲解一下关于小户型地面选材与装修的相关知识。

21 地板装饰地面

　　使用地板装修室内地面是最常见的一种方式，小户型的居室空间更是如此，带有淳朴自然、温馨舒适感的地板能用惬意氛围遮掩住小户型居室面积较小的缺陷，带给人们一种舒心享受。可以制成地板的木材有很多，地板的类型也分为很多种，选用哪种材质、哪种类型的地板铺设小户型居室的地面，还要根据各方面的实际条件以及主人的兴趣和品位来做最终的决定。

方案 01
地板搭配地毯的温馨

地面选材： 实木复合地板、地毯等

设计主题： 横竖交错铺设的实木复合地板给居室带来了空间结构感，搭配上大红色民族风格地毯，能给家人温馨的脚感享受。

方案 02
暖黄色的实木复合地板

地面选材： 实木复合地板等

设计主题： 实木复合地板兼容了实木地板的自然纹理、舒适脚感以及强化复合木地板的稳定性，是装修小户型居室地面的经济之选。暖黄色系让客厅空间显得更温馨、舒适。

精彩细节： 实木复合地板具有稳定的尺寸，不易变形，交错布置显得非常美观。

01

02

提示　**不要光脚在地板上行走**

　　用地板装修地面后，很多人喜欢光脚在上面行走，体验温暖质感。其实这是不正确的做法，因为地板本身易受潮气、湿气的影响。

方案 **03**

客厅中的清新自然感

地面选材： 桦木地板等

设计主题： 桦木地板铺设客厅地面，其细腻柔软、富有弹性的特点能带给家人舒适的脚感，竖条形铺装还扩大了小户型客厅的空间感。

精彩细节： 白蜡木地板带有自然纹理和清新色彩，经过打蜡处理后，可以隔绝空气、水气、灰尘等，同时还能起到防滑、防磨损、防静电的作用。

方案 **04**

分区进行地面装修

地面选材： 强化复合木地板、地砖等

设计主题： 餐厨区域使用地砖设计地面，光亮整洁、方便打扫；而客厅空间使用强化复合木地板装修地面，视觉效果和质感体验都得以很大程度的提升。

05

方案 05
优雅韵味的地面装饰

地面选材： 强化复合木地板、凉席等

设计主题： 设计成奶白色的强化复合木地板铺设客厅空间的地面部分，具有耐磨损、防腐、防蛀、稳定性强等诸多优点。而且装饰效果也很好，与整体空间呈现出的优雅风格非常谐调。

方案 06
实木地板装修卧室区域

地面选材： 实木地板等

设计主题： 小户型居室中各个空间的衔接很紧密，但是仍然可以明确区分。纯实木地板装饰卧室空间的地面部分，冬暖夏凉，脚感舒适，而且环保自然，表达了主人对家人的关爱。

提示 实木复合地板受欢迎的原因解析

实木复合地板一般分为三层实木复合地板、多层实木复合地板和新型实木复合地板三种，由于它是由不同树种的板材交错层压而成的，所以很好地克服了实木地板单向同性的一大缺点。实木复合地板的干缩湿胀率小，具有较好的尺寸稳定性，同时还保留了实木地板的自然木纹和舒适的脚感。也就是说，实木复合地板兼具了实木地板的美观性与强化复合木地板的稳定性，而且具有一定的环保优势，所以很受消费者的欢迎。其中，性价比较高的新型实木复合地板，消费者选择地板时应加以关注。

06

方案 07
拼花木地板的装饰效果

地面选材： 拼花木地板等

设计主题： 卧室的整个地面采用专门定做的拼花木地板来装饰，同时采用西卡胶粘接工艺，让家人感受到的质感更惬意，视觉感也很好。

方案 08
厨房空间的地板装饰

地面选材： 强化复合木地板等

设计主题： 使用地板装修厨房空间的地面，从中可以看出主人对优质生活的极度追求，也表达了一种对家人的细微关怀。强化复合木地板强度较高、稳定性很好，而且防腐防蛀、易于打理，铺设厨房是比较不错的选择。要提醒的一点是，在使用木质地板铺设厨房地面时，应该加倍注意防火。

方案 09
浅色系的实木地板

地面选材： 实木地板等

设计主题： 自然光线充足的开放式客厅中，使用浅色系的实木地板装饰地面，天然纹理清新自然，有种返璞归真的意境，而且使用起来非常安全，能带给家人舒适的质感享受。

方案 10
桦木地板装饰简约客厅

地面选材：桦木地板等

设计主题：简约时尚的客厅空间使用浅色系的桦木地板铺设地面，柔美的色彩加上细腻的质感能带给家人更高品位的生活享受，展现出的整体感觉非常和谐、舒适。

方案 11
淡雅客厅的浅色地板

地面选材：实木地板、地毯等

设计主题：小户型的客厅中除了墙面装饰画和布艺地毯展现出绚丽色彩，其他部分都以淡雅风格为主，浅色系的实木地板铺设地面，能让家人享受到最舒适的优质生活。

精彩细节：原始自然色的实木地板让这间简约时尚的客厅空间有种返璞归真的氛围，给人的感觉非常舒心。

方案 12
质朴素雅的实木地板

地面选材：实木地板等

设计主题：实木地板经过打蜡工艺处理后铺设在居室空间中，稳定性更佳，使用期限也会有所延长，而且便于清洁和保养。

方案 13
古典沉稳的地面装饰

地面选材：实木地板等

设计主题：实木地板经过上漆、打蜡处理后，脚感舒适、环保自然等优势不减，而且还延长了其使用期限。同时，黑色的实木地板与茶几家具融为了一体，显得古典而沉稳。

精彩细节：棕红色的实木复合地板装饰卧室地面，视觉感和质感同样温馨。

14

方案 14
阳光下的桦木地板

地面选材： 桦木地板等

设计主题： 卧室采用桦木地板装修地面，清晰的自然纹理展现着质朴气息，细腻光滑的质感能给主人更舒适的脚感享受。落地窗的设计让室内的自然光线很充足，照在地板上更显温馨。

15

方案 15
实木地板的色彩和纹理

地面选材： 实木地板等

设计主题： 实木地板经过打蜡处理后，色彩和纹理显得更加清晰，在客厅中的装饰效果也更强。

16

> **精彩细节：** 水曲柳木地板自然纹理非常清晰，而且木质的稳定性很强，用作室内地板非常合适。

方案 16
拼花实木地板的怀旧感

地面选材： 拼花实木地板等

设计主题： 在这间卧室中，主人以实木地板拼花的形式布置地面，释放出的视觉美感与怀旧韵味非常浓郁，与空间整体的质朴风格和谐相融。而且拼花实木地板的环保性、安全稳定性和舒适性都是最好的，能给主人更优质的生活享受。

22) 地毯装饰地面

　　运用地毯装饰居室空间的地面部分是极为常见的一种家装方式，地毯以其种类的多样性、装饰效果的美观性以及实用功能的多重性深受人们的喜爱，在装修地面的过程中几乎成为了一种必需品。在装饰小户型居室的地面时，选用一款视觉效果美观、质感舒适柔软的地毯来铺设，能让室内的温馨氛围变得更加浓郁，能让主人更好地享受浪漫、惬意的生活，忘却生活中的苦恼。

方案 01 淳朴自然的席垫

地面选材： 席垫、实木地板等

设计主题： 色彩感丰富的客厅空间中，地面装修倍显质朴、淡雅，实木地板搭配上自然感十足的席垫，展现出的淳朴气息非常浓郁，而且也给主人带来了健康、舒适的生活享受。

精彩细节： 带有简单几何形图案的混纺地毯几乎铺满了整个地面，让小户型的客厅更具整体感，混纺地毯的耐磨性很强，而且价格较纯毛地毯便宜，非常适合选用。

方案 02 花色纯毛地毯装饰客厅

地面选材： 纯毛地毯等

设计主题： 花色丰富的纯毛地毯铺设地面，给客厅空间带来了一定的装饰效果。更关键的是，纯毛地毯的柔软质感和良好弹性能让家人感受到最为舒适的脚感，生活随之变得温馨。

01

02

03

方案 03 如草坪般的绿色地毯

地面选材：混纺地毯等

设计主题：浅暖色调装饰让小户型的卧室空间更显温馨与淡雅，绿色系的混纺地毯铺满整个空间的地面部分，呈现出犹如清新草坪般的自然感。同时，更给家人带来了舒适的脚感享受，让生活变得更加温暖、惬意。

方案 04 纯毛地毯布置儿童房

地面选材：纯毛地毯等

设计主题：儿童房空间的地面部分使用纯毛地毯来布置，是父母给孩子的最温暖的关怀，搭配厚实柔软的床品，在温暖灯光的映衬下，整个空间呈现出一种浪漫、温馨的意境。

精彩细节：浓郁民族风的混纺地毯装饰客厅的大部分地面，视觉效果强烈，也能让家人感受到一种温暖。

04

方案 05
块状地毯装饰客厅

地面选材： 尼龙地毯、地板等

设计主题： 古典雅致的客厅空间展现着主人质朴的生活和深厚的内在修养，花色图案复杂的块状尼龙地毯装饰木质地板，既加强了空间风格的展现，也保护了木质地板，更能带给家人温暖、柔软的质感享受。

方案 06
细腻华美的丝毯

地面选材： 丝毯等

设计主题： 古典风与现代感混搭的客厅空间展现着独特魅力。在这样的空间中，花色繁杂的丝毯装饰地面，精致细腻、华美高贵的气质充分地释放了出来，彰显着主人高品质的生活。

方案 07
黄麻地毯装扮卧室

地面选材： 黄麻地毯等

设计主题： 主人运用黄麻地毯将卧室空间的地面全部铺满，极具整体感和视觉效果。黄麻地毯具有平衡室内湿度、使用期限长、价格相对实惠、质感舒适等优点，是整铺地面的不错选择。

方案 08
地毯装饰带来的民族风

地面选材： 混纺地毯等

设计主题： 沉稳成熟风格的客厅中，花色和图案都很复杂的地毯装饰地面，带来了浓郁的民族风情调。同时，混纺地毯装饰地面，能很好地减少噪声、隔热保温，是室内地面装饰的上佳之选。

方案 09
浅暖色地毯装饰空间

地面选材： 化纤地毯等

设计主题： 浅暖色地毯装饰客厅，削弱了经典家具带来的高贵感，营造了平和、温馨的氛围，让生活变得更亲切。之所以选用化纤地毯，是因为其耐磨、价格较低等特质更适合整幅铺设。

> **精彩细节：** 椰麻地毯具有平衡湿度、减少噪声、保持室内干爽度等优点，实用价值和环保性都很高，非常适合布置在卧室中，让主人的生活变得更安心。

方案 10
中式客厅的地面装饰

地面选材： 纯毛地毯等

设计主题： 小户型客厅以中式风格来布置，对称摆放家具、灯饰等元素显得极具传统设计理念。暗色调的纯毛地毯铺设在家具下方，既保护了实木地板，也起到了保温、防潮的作用。

方案 11

绣花地毯装饰客厅

地面选材： 纯毛地毯、地板等

设计主题： 整个客厅空间的设计和装扮以古典、高贵的风格展示在人们眼前，所以选择地毯时一定要注意谐调性。绣有花朵图案的纯毛地毯以暗色为基调，显得静谧、祥和，带给主人的质感享受更为舒适、温暖。

方案 12

古典而温馨的客厅装扮

地面选材： 纯毛地毯等

设计主题： 客厅空间以黑、白、灰为主流色调，古典而静谧，但是因为布艺品的装扮却倍显温馨。尤其是带有枝叶图案的纯毛地毯，完美地集装饰性和保温、防潮等实用性于一体。

精彩细节： 图案复杂的混纺地毯铺设在客厅空间的地板上，能很好地保护地板，避免受到过多的踩踏、磨损，更让主人与亲朋好友之间的聊天时间变得舒适、温馨。

方案 13
长绒化纤地毯装饰空间

地面选材： 长绒化纤地毯等

设计主题： 开放式空间融客厅和餐厅于一体，所以要特别注意环境的卫生与整洁。两款长绒化纤地毯分别摆放在茶几和餐桌椅的下方，能很好地吸尘、减噪，非常具有实用性。

精彩细节： 厚实柔软的纯毛地毯摆放在沙发与茶几之间的位置，即使光脚踩在上面也不会觉得寒冷。

方案 14
低调质朴的黄麻地毯

地面选材： 黄麻地毯等

设计主题： 灰白色的黄麻地毯装饰客厅地面，显得低调质朴，而且还具有价格低廉、耐磨防滑等很多优点。

方案 15
尼龙地毯装饰整个地面

地面选材： 尼龙地毯等

设计主题： 小户型居室中采用开放式格局来布置空间，整个地面以尼龙地毯来装饰，其耐磨防潮、富有弹性、价格较低等优势表现得非常明显，很适合布置于此。

16

方案 16
统一图案的墙地面装饰

地面选材：混纺地毯等

设计主题：蓝色为底色的混纺地毯铺满客厅地面，让空间的质感变得舒适、温馨。同时，地毯上的花色图案与壁纸装饰相同，相呼应形成的视觉效果避免了杂乱感，很适合小户型选用。

方案 17
暗暖色地毯装饰卧室

地面选材：纯毛地毯等

设计主题：怀旧风格的暗暖色地毯装饰卧室，与厚实、柔软的床品搭配在一起，让小面积的卧室更显温暖、惬意。短绒的纯毛地毯具有很好的隔声、保温效果，而且清洁起来也很方便。

提示 地毯的选购

选购地毯时首先应该根据每个家庭的消费水平选择不同档次的地毯。同时，还要考虑到"四防"和"二耐"，既防污染、防静电、防霉、防燃和耐磨损、耐腐蚀。其次，为室内选购地毯时，还应该与铺设的地方、空间的大小、家具的款式、居室的整体布置等因素相适应，根据每个空间的特点来选择材料、长度和色彩。例如，在人流量较大的居室空间应该选择绒量较大、绒间距较小、耐磨性能好的圈绒，带麻衬的机织地毯等。有幼儿的家庭，应该选择耐腐蚀、耐污染、易清洗、颜色偏深的地毯，如化纤地毯、羊毛地毯。

17

2.3 天然石材装饰地面

　　人们常说的使用天然石材装饰居室地面主要指的是天然大理石，当然，也有人会在室内布置少量的花岗石石材。就天然大理石来讲，它具有原始自然的纹路，比较美观，质地非常坚硬、耐磨，防刮性能十分突出，而且其价格也适中，一般多用于厨房和卫浴空间的地面装修。将天然石材运用于小户型的居室空间中，能营造出一种大气、经典的感觉，可以缓解小空间给人带来的局促感和压抑感。

方案 01 花色大理石装修地面

地面选材： 天然大理石等

设计主题： 装修地面的天然大理石本身带有美观的花色纹理，映衬出的视觉效果非常突出。主人将大理石地板砖布置在玄关区域，超高硬度可以有效地避免因踩踏较多而造成的磨损。

精彩细节： 原始沧桑的大理石经过亚光处理制成地板砖，将其铺设在卫浴空间中，可以避免眩光现象的发生，还能有效地防滑，提高安全性能，从而保护家人的安全。

方案 02 大理石地面的厚重质朴

地面选材： 大理石等

设计主题： 灰色系的大理石地板砖铺设卫浴间的地面，坚硬、不变形等特质保证了使用的舒适性和长久性，而且其展现出的厚重质朴感也很强烈，给人一种大气风范。

01

02

03
大理石地面的怀旧气息

地面选材： 天然大理石等

设计主题： 特意将大理石地板砖进行做旧处理，装饰在古典、质朴风格的客厅中看起来非常谐调，而且展现出了一种浑厚、舒适的质感。

04
简单而自然的地面装修

地面选材： 平毛石等

设计主题： 主人使用最具原始形态和自然感的平毛石装修居室空间的玄关区域，与外界的地面装饰自然而然地连接在了一起，搭配上原木材质的家具和生活用品，展现出一种淳朴、自然感。平毛石铺设的地面看起来杂乱无章，却带有一种不加雕琢的随意美，而且耐磨性很强，使用期限也很长。

05
优雅细腻的地面装饰

地面选材： 大理石等

设计主题： 米色天然大理石装饰卫浴地面，让整个空间呈现出一种优雅、细腻的视觉感，非常迷人。主人布置大理石地面，当然也是看中了其防水、耐磨、不易变形等诸多特点。

06

方案 **06**
复古空间的地面装饰

地面选材： 天然大理石、地毯等

设计主题： 整个空间以古典中式风格来设计，怀旧韵味很浓，能与这种氛围相搭配的地面装饰只有经过做旧、亚光处理的大理石地板砖。

07

方案 **07**
增添温馨感的地面装饰

地面选材： 花色大理石等

设计主题： 卧室空间采用天然大理石装修地面，并没有显得过于冰冷、坚硬，反而由于大理石本身所带的浅暖花色为卧室增添了淡淡的温馨感，惬意浪漫。

精彩细节： 深色大理石装修卫浴间地面，防水、耐磨损等特点尽显无遗。

24 地砖装饰地面

可以说，在装修居室空间的地面部分时，地砖是最为常用的一种材料。其质坚、耐压、耐磨、防潮、装饰效果好等优点决定了它能得到人们的认可，而且地砖的种类繁多，人们可以根据实际需要以及自己的兴趣爱好来自由选择和组合，灵活性很强。在装修小户型居室的地面时，地砖的多样性和价格上的可选择性也提供了很大的方便，同时，开放式布局的小户型也可以通过不同地砖的铺设来起到划分空间的作用。

方案 01
陶瓷锦砖铺设的空间地面

地面选材： 陶瓷锦砖等

设计主题： 选用暗色调的陶瓷锦砖装修居室空间的地面，能增添一种活泼、生动的气息。而且，易于加工的陶瓷锦砖有害物放射性比大理石、瓷砖等小，使用起来非常安全。

精彩细节： 光亮感十足的玻化砖装饰开放式客厅空间的地面，产生的视觉效果非常好；同时，玻化砖不需要抛光处理，因此没有抛光气孔，也就使其更耐磨、易于清洁。

方案 02
柔美的玻化砖装饰地面

地面选材： 玻化砖等

设计主题： 小户型居室中要善用每一个元素来创造美感，精致细腻的玻化砖铺设地面，展现了一种优雅、柔美的感觉，带给人们一种舒心、温婉的视觉体验。

01

02

方案 03
浪漫唯美的拼花砖

地面选材： 拼花砖等

设计主题： 以瓷砖为原材料的拼花砖保留了瓷砖原有的优质特点，经过拼接铺设后又呈现出一幅美丽的图案，显得浪漫而唯美。

方案 04
温馨通体砖装修地面

地面选材： 通体砖等

设计主题： 红色系和黄色系的通体砖交错铺设来装饰地面，甜蜜、温馨的视觉感跳跃而出，与橙色系的墙面装饰十分搭配，显得非常浪漫。同时，通体砖作为耐磨砖中的典型代表，质坚、耐压、防潮等是其明显的特点，布置在客厅空间中非常实用，是小户型居室的经济之选。

方案 05
单色通体砖铺设卫浴地面

地面选材： 通体砖等

设计主题： 主人使用单色通体砖装饰卫浴空间的地面，给小户型居室创造了一种视觉上的整体感。橘色的通体砖透着一股温馨、甜蜜的味道，削弱了其原本带有的坚硬、生冷的质感，使整个空间看起来变得舒心、惬意了许多。

古典客厅的地面装饰

地面选材：抛光砖、地毯等

设计主题：古典客厅中处处展现着高贵、复古的气息，韵味十足。抛光砖搭配地毯布置地面，将光亮的视觉感和温暖的质感完美融合。

精彩细节：铺设地面的通体砖与墙面砖、洁具保持统一色系，加强了卫浴空间的整体感；同时，通体砖的耐磨、防水效果非常好，很适合卫浴使用。

方案 **07**
统一色玻化砖装饰时尚客厅

地面选材：玻化砖等

设计主题：统一色的玻化砖装修客厅地面，与整体空间时尚、现代的风格完美融合。而且玻化砖的光洁度更是令人惊艳，通过映衬效果极大地加强了空间结构感。

釉面砖装饰陶瓷锦砖空间

地面选材：釉面砖等

设计主题：卫浴的所有墙面都使用陶瓷锦砖布置，时尚、活泼的视觉感扑面而来。而在装饰地面时主人选用了釉面砖，融入了一丝稳重气息，同时釉面砖的防污能力很强，非常实用。

方案 09

黑色抛光砖布置地面

地面选材：抛光砖等

设计主题：带有少许白色纹理的黑色抛光砖布置室内的地面，整体感和视觉冲击力都很强。采用抛光砖装修的地面，光洁防水、质坚耐磨，而且清洁起来也很方便。

精彩细节：使用棕褐色的通体砖装修地面，与客厅空间的整体布置非常搭配，如果担心地砖的质感较冷，可以在沙发附近铺设一小块地毯，集实用功能和装饰性于一体。

第 3 章

墙面的选材与装修

　　墙面装修是家装过程中的重中之重，不仅是因为墙面面积在居室中所占的比例很大，更是由于墙面装修会直接影响到整个空间的风格、档次、环保及舒适度等。在面积较小的小户型中，墙面装修显得越发关键，要让墙面空间呈现出别样的风采，就要考虑选材、搭配等诸多因素。

3.1 壁纸、壁布装饰墙面

　　小户型居室的墙面部分采用壁纸或壁布来装饰，非常符合当下"轻装修、重装饰"的家装设计理念。壁纸或壁布装饰墙面具有很多其他材料无可媲美的优势。例如，方便更换，可以随着季节的交替和主人的兴趣爱好自由更换；色彩、图案的多选择性，不必拘泥于单色系或某种固定的模式；装饰效果多样，能营造出或温馨浪漫，或甜蜜可爱等多种风格意境。而这些明显的特点都非常适合小户型居室的空间布置。

方案 01 丰富多样的墙面装饰

墙面选材： 壁纸、板材、镜饰等

设计主题： 这间客厅中墙面部分的设计和装饰丰富而多样，十分吸引人的眼球。镜饰和镂空雕花板材的布置时尚、高贵，而淡雅壁纸装饰的电视背景墙更释放出温馨浪漫的味道。

精彩细节： 统一样式的壁纸铺满客厅的所有墙面，整体感很强，让小面积的客厅有了一种扩大感。壁纸装饰的墙面所展现出的风格与客厅布置十分谐调，典雅而高贵。

方案 02 竖形壁纸增加空间高度感

墙面选材： 胶面壁纸等

设计主题： 舒适大气的床头背景墙，竖形条纹的胶面壁纸装饰墙面，在视觉上增加了卧室空间的高度感，而且这类壁纸的防水性能非常好，方便擦洗清洁。

03

方案 03
浪漫花色的壁布

墙面选材： 壁布等

设计主题： 带有绚丽色彩花朵图案的壁布装饰儿童房墙面，显得浪漫而温馨。同时，壁布装饰墙面环保无毒、温暖舒适，很适合孩子成长。

精彩细节： 无纺壁布采用棉、麻等天然材质制成，耐磨、耐晒、耐湿，透气性能好，质感非常舒适，装饰沙发背景墙非常合适。

方案 04
绘有花朵的壁纸装饰背景墙

墙面选材： 纸质壁纸等

设计主题： 纸质壁纸健康、环保，透气性很强，依靠绝佳的上色效果绘上花朵图案，以此装饰床头背景墙，能给卧室营造一种浪漫、温馨、花海般的意境，唯美至极。

04

05

提示 家装选择壁纸的原因

方案 **05**
花色壁纸装点高雅空间

墙面选材： 胶面壁纸、石膏板等

设计主题： 古典高雅的客厅空间中，花色壁纸搭配雕花石膏板装饰的墙面与整体氛围非常谐调，视觉感很统一。胶面壁纸面层由胶构成，防水、防潮性能良好，能保证长时间不变色。

之所以现代很多人在装修居室空间的墙面时会选择壁纸作为常用材料，其原因很多，一般来讲，主要包括：1.壁纸的装饰效果强烈，其花色、图案的种类繁多，选择余地大，装饰墙面后视觉效果富丽多彩，能让空间更显温馨。2.壁纸的应用范围很广，墙面的基层为水泥、木材、粉墙时都可以用，易于同室内装饰的整体风格保持和谐。3.维护保养方便，壁纸耐擦洗性能良好，清洁剂就是清水，方便清洁，而且具有很好的更新性能。4.壁纸使用起来很安全，具有一定的吸声、隔热、防霉功能，而且无毒、无污染。

方案 **06**
卧室主题墙的壁纸装饰

墙面选材： 硅藻土壁纸等

设计主题： 卧室的主题墙是最抢眼的部分，所以在装饰时一定要注意美观性，硅藻土壁纸图案美观大方，视觉效果极好。而且这类壁纸具有调湿、除臭、隔热等多种功能，还有助于净化卧室的空气，对于主人的身体健康有很大好处。

06

方案 07
与空间色彩一致的壁纸

墙面选材： 纸质壁纸等

设计主题： 卧室空间的布艺品布置以绿色和红色为主，纸质壁纸的装饰完美地与空间色彩保持了一致性，浪漫、温馨的视觉效果非常强烈。

方案 08
无纺壁布装饰墙面的优势

墙面选材： 无纺壁布等

设计主题： 卧室的布置和装饰重在追求温馨、静谧的氛围，浅色系的无纺壁布与空间整体感非常和谐，竖形条纹也展现出高挑的视觉感和灵动的韵律美，看起来十分惬意。更关键的是，无纺壁布不含PVC，不易褪色，不易折断老化，富有弹性，还具有耐磨、耐晒、耐湿等诸多特性。因为其透气性良好，可以擦洗，所以保养起来也很方便。

方案 09
怀旧风卧室中的墙面布置

墙面选材： 硅藻土壁纸等

设计主题： 硅藻土壁纸的表面由天然的硅藻土细小颗粒构成，虽然看起来略显粗糙，却有一种很强的质感和个性气质在里面，主人将其布置在这间以沉暗色调为主的怀旧风卧室中非常合适，与整体氛围搭配起来十分谐调。

方案 10
壁纸上的经典山水画

墙面选材： 纸质壁纸等

设计主题： 小户型的卧室中没有过多的面积来布置装饰品，所以主人巧妙地利用了墙面空间，绘有经典山水画的纸质壁纸布置墙面，营造了一种唯美、浪漫的意境。

方案 11
防水性壁纸布置卫浴间

墙面选材： 树脂类壁纸等

设计主题： 采用带花纹的壁纸布置卫浴空间，能避免采用墙面砖的单调感。鉴于卫浴潮湿的环境，选择壁纸的第一原则应是防水性，树脂类壁纸具有防水性，很适合卫浴间使用。

精彩细节： 花色图案繁杂的纸质壁纸装饰墙面，给简约精致的客厅空间带来了时尚、艺术的气息。

方案 12
树脂类壁纸装饰怀旧风卫浴

墙面选材：树脂类壁纸等

设计主题：树脂类壁纸的防水性极佳，用它装饰墙面，可以隔绝水分子渗透到墙体之中，因此非常适合卫浴间使用。浅色基底、绘有花艺图案的壁纸铺贴在墙面上，与怀旧风卫浴中的铁艺壁灯、天然大理石台面等元素构成了完美呼应。

方案 13
富贵色的胶面壁纸

墙面选材：胶面壁纸等

设计主题：相对来说，胶面壁纸的价格比较便宜，即使将室内的全部墙面贴满也不会花费太多。而且其图案丰富、色彩华贵，与居室中的吊灯等元素搭配在一起十分谐调，尽显华贵气质。

方案 14
充满自然感的墙面设计

墙面选材：纸质壁纸、板材等

设计主题：居室墙面的下半部分使用原木板材进行包装设计，既能保护墙面不受磨损，又有装饰效果；局部墙面的上半部分使用布满植物图案的壁纸装饰，让空间洋溢着清新的自然感。

方案 15
小卧室的墙面装饰

墙面选材： 纸质壁纸等

设计主题： 小面积卧室更需要营造温馨感，绘有精巧图案的纸质壁纸装饰墙面带来了温暖气息；此类壁纸以纸为基材，自然舒适，无异味，透气性和环保性都很好，很适合小面积空间。

精彩细节： 浴缸一侧的墙面用树脂类壁纸装饰，防水性很好；与灯饰搭配营造的视觉感也很浪漫。

方案 16
无纺壁布设计电视背景墙

墙面选材： 无纺壁布等

设计主题： 带有祥瑞图案的无纺壁布设计客厅中的电视背景墙，既经典大气，又耐磨透气。

方案 17
淡雅柔和的墙面装饰

墙面选材： 无纺壁布、板材等

设计主题： 居室空间的整体风格呈现出欧式典雅韵味，淡雅柔和色彩的无纺壁布装饰墙面，搭配乳白色的板材布置，令空间显得温馨无比。无纺壁布舒适、透气、防潮等效果更给主人带来了惬意、浪漫的生活享受。

3.2 墙漆、涂料装饰墙面

　　使用墙漆、涂料装饰家居墙面是最为常见的一种方式，简单方便，经济实惠，虽然现在墙面装修的方式越来越多，但是墙漆、涂料一直没有走出家装的舞台。通常所说的装修墙面的墙漆、涂料主要是指乳胶漆，是一种有机涂料。小户型居室中采用乳胶漆装饰墙面，能营造一种整体感，减少占用墙面空间的现象出现，从而打造一种宽敞明亮的感觉；而且乳胶漆的颜色很多，可以自由选择，营造自己喜欢的风格。

方案 01 暖意浓浓的墙面装饰

墙面选材：水溶性乳胶漆等

设计主题：暖黄色的水溶性乳胶漆装饰墙面部分，散发出一种温暖、甜蜜的气息，弥漫在居室空间中让人感受到一种惬意氛围，搭配精巧家具和装饰品，展现出一种浪漫、可爱的风格。

精彩细节：绿色系的乳胶漆粉饰卧室空间的墙面，清新、活泼的自然感展露无遗，如果担心这样的布置会让空间显得很冷，可以通过灯光或一些墙面装饰品来调和。

方案 02 对比效果强烈的墙面设计

墙面选材：水溶性内墙乳胶漆、胶面壁纸等

设计主题：客厅空间的不同墙面分别采用了水溶性乳胶漆和胶面壁纸来装饰，各自展现出了清新自然韵味和经典沉稳气质，主人通过墙面装饰打造的混搭效果十分明显。

01

02

03

方案 03
清新恬淡的墙面装饰

墙面选材：水溶性乳胶漆等

设计主题：居室空间的整体设计给人一种轻松、悠闲的舒适感，除了精巧的家具布置，更得益于作为空间主体的墙面装饰，浅色系的乳胶漆装扮墙面空间，显得清新、淡雅。而且浅色的乳胶漆不易变色，使用期限较长。

方案 04
简约又浪漫的墙面设计

墙面选材：乳胶漆等

设计主题：白色乳胶漆装饰小户型客厅墙面，能产生一种空间扩散感，搭配室内布置的家具，让客厅看起来变得宽敞了许多；白色系墙面加上彩绘图案，给人的感觉既简约又浪漫。

精彩细节：水溶性乳胶漆有很强的抗紫外线能力，即便暴露在强烈阳光下也安然无恙，很适合室内墙面装饰。

04

方案 05
卫浴间的乳胶漆墙面

墙面选材： 防水性乳胶漆等

设计主题： 卫浴间的墙面部分使用防水性能极好的乳胶漆进行装饰，加上乳胶漆本身所具有的易于涂刷、迅速干燥以及漆膜耐水、耐擦洗性好等优点，丝毫不会让人担心墙漆脱落等现象的发生，会一直呈现着如初般的鲜亮感。

方案 06
墙面装饰的安全性

墙面选材： 水溶性内墙乳胶漆等

设计主题： 儿童房空间的一切布置和装饰都应该保证绝对的安全性，墙面漆饰尤其需要注意。水溶性乳胶漆无毒环保，而且没有引起火灾的危险，非常安全。

方案 07
温婉亲切的墙面装饰

墙面选材： 水溶性乳胶漆等

设计主题： 浅鹅黄色的水溶性乳胶漆装饰卧室空间的墙面，搭配上灯饰散发出的柔和光线，视觉效果非常温馨，让整个卧室都弥漫在一种温婉、亲切的氛围之中。

简单整洁的卫浴墙面

墙面选材： 乳胶漆、陶瓷锦砖等

设计主题： 卫浴间的洗漱台背景墙使用陶瓷锦砖布置，追求一种时尚气质和现代感；另一侧的整个墙面则使用乳胶漆进行装饰，追求实用性与经济性的完美融合，比较符合小户型居室的装修理念。

墙面装饰的空间效果

墙面选材： 溶剂型内墙乳胶漆等

设计主题： 小户型居室的客厅空间面积不大，家具的整齐布置显示出一种精致感。单色系的乳胶漆装饰墙面，与地面布置构成呼应，营造了一种整体感良好的空间效果。

精彩细节： 亮红色的防水性乳胶漆装饰厨房空间的墙面，与现代风格的橱柜非常搭配，时尚而经典。同时，乳胶漆无毒、防火等特点也使其非常适合厨房环境。

白色乳胶漆的装饰效果

墙面选材： 防水性乳胶漆等

设计主题： 除了洗漱台和浴缸的裙边，卫浴全部以白色系呈现，给空间带来了一种扩大感。墙面如果全部使用瓷砖装饰会显得有些冰凉，所以主人采用乳胶漆装饰了上半部分墙面空间。

方案 11
经典客厅的墙面设计

墙面选材： 溶剂型乳胶漆、天然石材等

设计主题： 虽然小户型的客厅面积不大，但是布置得同样经典。天然石材装饰的一侧墙面原始而沧桑，另一侧墙面采用深红色的溶剂型乳胶漆粉饰，较好的厚度和光泽感让其展现出了十足的古典浪漫气息。

方案 12
黑白色卧室的墙面装饰

墙面选材： 水溶性内墙乳胶漆等

设计主题： 黑白色的软装元素搭配在卧室中，经典而时尚。主人选用亮黄色的水溶性乳胶漆装饰墙面，视觉效果很温馨，其细腻、环保、透气等良好性能也是主人选择它的原因之一。

精彩细节： 橙色的水溶性内墙乳胶漆装饰客厅空间，靓丽的色彩与时尚简约的居室风格非常搭配，暖色调的墙面布置也让小户型的客厅倍显温馨，让生活变得更幸福。

3.3 石材、墙砖装饰墙面

　　人们在进行居室空间的墙面装修时，很多时候都会用到天然石材或者墙砖，尤其是在厨房、卫浴等空间中，石材和墙砖本身的整洁度以及它们方便清洁的特点使其非常受欢迎。在小户型居室中，石材、墙砖等材料布置墙面空间，能以自身的经典气质和坚硬质感取代较小空间面积造成的压抑感和局促感，所以被广泛应用。一般情况下，常用到的这类墙面装饰材料包括天然大理石、釉面砖、通体砖以及陶瓷锦砖等。

方案 01 时尚光亮的墙面设计

墙面选材： 陶瓷锦砖、玻化砖等

设计主题： 卫浴空间的墙面使用光亮整洁的玻化砖和时尚绚丽的陶瓷锦砖来装修，视觉效果十分精彩。而且这两种墙砖的超强防水性、易清洁等特点都使其在卫浴中显得非常合适。

精彩细节： 天然大理石材料的墙砖装修卫浴的局部墙面，与地面布置保持统一性，让空间很有整体感。同时，大理石墙砖还具有质坚、不渗水、防磨损等独有的特点。

方案 02 不同色彩的通体砖布置墙面

墙面选材： 通体砖等

设计主题： 卫浴空间的墙面很容易受到水的侵蚀，所以防水处理十分重要，通体砖的吸水率非常低，耐磨性也很好，装修卫浴墙面非常合适，不同色彩交错布置会显得很美观。

01

02

03
彩绘瓷砖展现的优美

墙面选材： 彩绘瓷砖等

设计主题： 竹绿色的瓷砖本身就非常清新、自然，再加上彩绘的植物图案，更显唯美气息，装修卫浴墙面能带给主人一种愉悦的心情。

方案

04
亚光釉面砖装饰卫浴

墙面选材： 亚光釉面砖等

设计主题： 卫浴空间的墙面和地面全部使用统一色彩的亚光釉面砖来装饰，加上同色系的吊顶布置，令小面积的卫浴显得很有整体感。亚光釉面砖具有很好的吸光性，不会在灯光下形成眩光现象，而且亚光釉面砖的装饰性很强，能营造出一种时尚、典雅的视觉效果。

方案

05
纯净而绚丽的墙面设计

墙面选材： 玻化砖、瓷砖等

设计主题： 卫浴的墙面部分使用玻化砖和瓷砖搭配布置，混搭设计展现出一种纯净优雅而又绚丽多彩的视觉效果。玻化砖和瓷砖的吸水率很低、耐腐蚀性很强，装修卫浴非常实用。

方案 06
极具冲击力的墙面装饰

墙面选材：陶瓷锦砖等

设计主题：卫浴的大部分墙面和地面使用陶瓷锦砖布置，活泼、灵动的色彩搭配让整个空间清新而靓丽，极具视觉冲击力。陶瓷锦砖具备耐酸碱、不退色、易安装、无辐射等优点，非常实用。

精彩细节：绚烂亮眼的小块陶瓷锦砖布置洗漱台背景墙，完美地集视觉效果和防水性能于一体。

方案 07
亚光大理石布置墙面

墙面选材：天然大理石等

设计主题：亚光处理过的天然大理石布置卫浴墙面，既有原始沧桑的自然感，又有很好的吸光、防水等实用价值。

方案 08
天然石材装饰背景墙

墙面选材：天然花岗石等

设计主题：在居室的一侧墙体上设计出凹状造型，有很强的空间结构感。再选用天然花岗石材料的墙砖装饰凹状背景墙，原始自然的气质和古典怀旧的韵味充斥着整个空间。

大气而美观的墙面设计

墙面选材： 釉面砖、通体砖等

设计主题： 卫浴空间的色彩搭配比较简单，展现出一种整洁、大气的氛围。深灰色的釉面砖和带有印花图案的通体砖搭配布置卫浴间的墙面，不仅具有防水、耐酸碱、耐磨损等优点，而且还给卫浴增添了美观、时尚的装饰效果。

方案 10

优雅浪漫的卫浴空间

墙面选材： 陶瓷锦砖等

设计主题： 卫浴空间的墙体呈现优雅的起伏状造型，但是在铺贴墙砖时施工难度也会增大。小块陶瓷锦砖具有易安装、黏结强度高等优点，装饰此类墙面非常合适，并且显得时尚而浪漫。

方案 11

多种墙砖设计卫浴墙面

墙面选材： 拼花砖、玻化砖等

设计主题： 卫浴空间在硬装修方面非常具有创意思维和个性气质，尤其表现在墙面部分，主人使用了炫彩浪漫的拼花砖、光亮整洁的玻化砖等多种墙砖铺设墙面，视觉效果十分精彩。

方案 12
蓝色通体砖的装饰效果

墙面选材： 通体砖、陶瓷锦砖等

设计主题： 蓝色的通体砖装饰卫浴空间的大部分墙面，搭配上陶瓷锦砖布置的墙面腰线和浴缸裙边，让整个卫浴间显得清凉、舒爽。

方案 13
质感独特的瓷砖墙面

墙面选材： 瓷砖等

设计主题： 瓷砖上的花色斑点和凹凸纹理分别为其增添了视觉上的美观性和质感上的舒适度，与卫浴空间呈现出的优雅气质和现代感十分谐调。

精彩细节： 天然平毛石装饰墙面，将原始自然气息融入了简约、时尚的客厅。

纯洁典雅的墙面装饰

墙面选材： 釉面砖等

设计主题： 釉面砖以其较高强度、较低吸水率、装饰效果好等优点被人们广泛应用在室内空间的墙面装修中。这间厨房中，或白色或带有蓝色印花的釉面砖装饰墙面，展现出的纯洁、典雅气质与整体空间的高雅氛围完全一致。

方案 15

文化石墙面的怀旧感

墙面选材： 文化石等

设计主题： 客厅的布置和装饰透着一种质朴艺术感和怀旧情愫，墙面装饰选择了文化石，其材质坚硬、纹理丰富、风格各异及抗压、耐磨、耐腐蚀等特点使其成为了一种经典。

精彩细节： 厨房中灶台附近的墙面部分使用光面釉面砖装饰，不仅能制造出一种整洁的视觉效果，而且釉面砖的耐磨损和高强度等特点也极大地方便了主人的清洁工作。

方案 16
内敛中典雅的墙面装饰

墙面选材： 釉面砖等

设计主题： 在各种材质的墙砖中，瓷质亚光釉面砖的装饰效果是非常突出的，整体布置卫浴能得到典雅、时尚的视觉效果，而且这种墙砖的吸水率低、强度高，能很好地适应卫浴环境。

方案 17
陶瓷锦砖设计厨房主题墙

墙面选材： 陶瓷锦砖等

设计主题： 小户型厨房采用"一"字形模式来布局，显得精致、现代而整洁，与较小面积的实际情况非常搭配。空间主题墙使用浅色系的陶瓷锦砖装饰，无论是时尚性、艺术感的装饰效果，还是不退色、易安装、吸水等实用功能都很好。

提示｜ **如何鉴别仿古砖**

仿古砖是家装过程中经常用到的一种墙面装修材料，很受人们的欢迎，但是很多时候人们会因不了解某些情况而在选材过程中出现错误。一般来说，鉴别仿古砖应该注意以下几点：1.看外观、釉面、图案等，好的仿古砖外观无凸鼓、翘角等问题，而且釉面光洁、图案细腻；2.用手掂仿古砖的手感如果较重，则砖质的密度高；3.用手轻敲仿古砖表面，应该声音清脆响亮，这才说明仿古砖的质量好；4.试着以硬物刮擦釉面，如果出现刮痕则说明釉面的质量不好，硬度与耐磨度都不够；5.把水滴在仿古砖背面，吸水率应该很低。

方案

18
不同材质的不同效果

墙面选材： 陶瓷锦砖、玻化砖等

设计主题： 玻化砖布置的墙面光亮整洁，而陶瓷锦砖装饰的墙面区域充满了个性和时尚感。但是两种材质都具有很好的防水、易清洁等特点。

方案

19
稍加雕琢的大理石墙面

墙面选材： 天然大理石等

设计主题： 厨房空间因为橱柜的布置而带有了一丝欧式异域情调，显得精致而优雅，但是整体感觉仍然粗犷而大气，以天然大理石为主要材质的墙面装饰和橱柜台面、地面布置完美呼应，视觉效果非常强烈。而且大理石墙面质地坚硬、易于清洁、防水、耐腐蚀，适应厨房环境的能力很强。

方案

20
黑白色通体砖装饰墙面

墙面选材： 通体砖等

设计主题： 黑白两种色彩的通体砖搭配装饰卫浴墙面，简单而整洁，非常符合小户型居室的设计特点，通体砖表面反光性差，不刺眼，无眩光现象，布置卫浴有很好的安全性。

方案 # 21
浪漫的现代风卫浴

墙面选材： 瓷砖等

设计主题： 卫浴墙面采用亮红色的瓷砖来装饰，再加上其简约、时尚的设计风格，展现了很强的现代感，非常精彩。瓷砖以其精美的外观和防水、防腐蚀、耐磨损等特点能让这间卫浴带给主人舒适、清爽的优质生活。

方案 # 22
石材和墙砖搭配布置墙面

墙面选材： 天然大理石、玻化砖等

设计主题： 充满创意性的卫浴空间中，墙面布置也采用了天然大理石和玻化砖两种材质，混搭装饰展现了原始沧桑与精致优雅共融的完美意境，同时二者的实用功能都能很好地满足需求。

精彩细节： 灰白色的亚光釉面砖属于瓷质墙砖，吸水率较低，同时强度相对较高，对于卫浴空间潮湿、使用频率高等特点适用性很强，而且还具有一种时尚的装饰效果。

方案 23
优雅时尚的墙面设计

墙面选材： 陶瓷锦砖、玻化砖等

设计主题： 卫浴空间的墙体呈不规则形状，所以主人在进行墙面设计时也加入了很多创意元素。时尚个性的陶瓷锦砖拼图以及优雅精致的印花玻化砖搭配装饰卫浴墙面，展现出一种华贵、浪漫的气质，从侧面表现出主人高品位的生活。

方案 24
墙面装饰产生对比效果

墙面选材： 陶瓷锦砖、通体砖等

设计主题： 主人分别使用花色复杂的陶瓷锦砖和整洁精致的通体砖来装修卫浴墙面，除了两种材质共有的防水防潮、耐磨损、耐腐蚀等特点，更通过不同材质的搭配营造出对比的视觉效果。

方案 25
文化石让客厅更有韵味

墙面选材： 文化石等

设计主题： 古典而高贵的客厅空间采用粗犷、原始的文化石装修电视背景墙，增添了韵味。而且文化石还具有材质坚硬、色泽鲜明、纹理丰富等诸多优点，装饰效果非常好。

方案 26

墙面装饰的层次感

墙面选材： 瓷砖等

设计主题： 黑白色的小块瓷砖装饰卫浴墙面，表面光亮整洁，而且铺贴时特意设计的层次感能更好地散射光线，不会让人产生眩光现象。

精彩细节： 不同大小的条形墙砖装饰卫浴空间的墙面，能形成很好的空间感和装饰效果，对于没有太多面积布置装饰品的小户型卫浴很有意义。

方案 27

中西混搭的墙面设计

墙面选材： 平毛石等

设计主题： 客厅空间的部分墙面使用平毛石来布置，搭配经典的壁炉设计，实现了中式怀旧韵味和欧式异域情调的完美混搭，带来的装饰效果非常强烈。

3.4 板材装饰墙面

　　小户型居室的墙面装饰对于家居风格以及室内空间感的营造非常重要，所以丝毫不得马虎。使用各种材料、多种造型的板材装饰墙面一直是颇受欢迎的一种形式，无论是实木板材、石膏板材，还是铝塑板材、玻璃板材，只要在色彩搭配以及造型设计上能与居室空间的整体感觉相搭配，就能得到绝佳的装饰效果。小户型居室中恰当使用板材装饰墙面，更能营造大空间的惬意氛围。

方案 01
实木板材设计客厅墙面

墙面选材： 实木板材等

设计主题： 小户型客厅采用严谨的中式传统风格来布置，漆饰墙面自然就不合适，所以主人设计了实木板材的墙面装饰，有很强的怀旧感。

方案 02
石膏板材墙面的雅致

墙面选材： 石膏板材等

设计主题： 小面积客厅的墙面都使用石膏板材进行了包装，并设计出简单而精致的造型，使客厅的空间整体感和优雅气质表现得非常好，而且石膏板材装饰墙面具有很好的吸声效果。

精彩细节： 实木板材设计电视背景墙，在现代客厅中营造出了很强的质朴自然感。

01

02

提示 | 墙面板材的分类

　　装饰室内墙面的板材按材质分类可以分为实木板和人造板两种；按成型可以分为实心板、夹板、纤维板、装饰面板、防火板等多种。

方案 ## 03
纤维饰面板作背景墙

墙面选材： 纤维饰面板等

设计主题： 简约时尚客厅中的电视背景墙以纤维饰面板来装饰，具有材质均匀、纵横强度差小、不易开裂等很多优点，装饰效果非常好。

方案 ## 04
条形实木板材装饰床头背景墙

墙面选材： 实木板材等

设计主题： 选用实木材质的板材装饰卧室空间的床头背景墙，具有无毒、无味、健康、环保等优点，布置在卧室中非常合适。实木板材以竖形条状布置，与条纹图案的床品形成了视觉上的呼应，同时具有增加空间高度感的设计效果，能让小户型居室看起来变得高挑、宽敞。

方案 ## 05
胶合板材作造型装饰墙面

墙面选材： 胶合板材等

设计主题： 在小户型居室的卧室中，收纳设计直接关系到整个空间的整洁度，主人用胶合板材设计出搁架、搁板等墙面造型，既装饰美化了卧室空间，又带有很强的收纳功能，可谓是一举两得，非常巧妙。

纤维石膏板材设计墙面

墙面选材： 纤维石膏板材等

设计主题： 采用纤维石膏板材装饰墙面部分，与吊顶设计形成了很强的统一性，能让客厅空间看起来更加宽敞、明亮。

06

精彩细节： 石膏板材具有很强的可塑性，使用带有美观造型和图案的石膏板材装饰墙面，能大大地增强空间的视觉效果。

温馨浪漫的厨房布置

墙面选材： 喷绘玻璃等

设计主题： 厨房空间之所以显得温馨而浪漫，不仅得益于精致、优雅的橱柜布置，带有美丽曲线图案的喷绘玻璃装饰墙面，也展现出了很好的视觉效果。

07

08

厨房空间的墙面装饰

墙面选材：铝塑板、防火板等

设计主题：厨房空间的主题墙部分以铝塑板和防火板来装饰，分别取其易清洁、防火性和温馨感、舒适性的优点，让主人每天的烹饪工作变得更加方便、开心。

方案 09

墙面上的丰富造型

墙面选材：胶合板材、石膏板材等

设计主题：主人使用石膏板材和胶合板材等材质在墙面上设计出丰富、美观的造型，从大环境上装饰美化了居室空间，而且没有占用室内面积，为居室节约了很多空间。

精彩细节：利用实木板材设计出搁架和搁板造型，既从视觉上丰富了卫浴空间的墙面装饰，又带来了实用性的收纳功能，主人这样的设计非常巧妙、完美。

09

方案 10
石膏板材的沙发背景墙

墙面选材： 石膏板材等

设计主题： 白色的墙面装饰能让小户型居室中客厅的空间感得以扩大，但是如果全部使用乳胶漆粉饰难免显得单调，所以主人采用石膏板材布置沙发背景墙，造型设计强化了空间结构感。

方案 11
时尚优雅的墙面装饰

墙面选材： 纤维饰面板材、宝丽板等

设计主题： 客厅中的沙发背景墙以宝丽板和纤维饰面板材搭配布置，宝丽板带来了清新、优雅的视觉效果，再加上纤维饰面板材的安置，又丰富了墙面结构感，令整个空间显得非常时尚。

提示 胶合板材的相关知识

　　胶合板材一定要注意选择好，因为家装中的基本建材就是木材，如果胶合板材的质量很差，以后将会给生活带来很多不必要的麻烦。所以，在选择胶合板材的时候，一定要挑选好、选仔细。胶合板材是由三层或多层约1mm厚的实木单板或薄板胶贴热压制成的，常见的有三夹板、五夹板、九夹板和十二夹板（俗称三合板、五厘板、九厘板、十二厘板），这些胶合板材的结构强度好，稳定性好。要提醒的一点是，因为胶合板材的含胶量大，施工时一定要做好胶合板材的封边处理，尽量减少室内污染。

防水胶合板材布置卫浴墙面

墙面选材： 防水性胶合板材等

设计主题： 主人以胶合板材装饰卫浴空间的墙面，横向条状布置能从视觉上起到延伸空间的效果，对于小户型居室意义很大。卫浴间的环境比较潮湿，所以墙面上的胶合板材一定要经过严谨、专业的防水处理，以免发生受潮、变形等现象。

方案 13
实木板材布置的玄关

墙面选材： 实木板材等

设计主题： 居室空间的玄关区域使用原色的实木板材装饰墙面，与原木材质的收纳家具、地板等形成了完美的呼应。同时，实木板材的环保、无味等特点能带给主人最舒适的生活享受。

方案 14
床头背景墙的设计

墙面选材： 饰面板材等

设计主题： 小户型的卧室空间整洁、质朴，所以床头背景墙的设计也不能太过花哨，整体饰面板材上设计出圆形镂空造型，既简单大方又具有装饰效果，丝毫不会显得另类。

第4章

家具的选材与装修

随着时代的进步与发展，家具的种类越来越多，不仅包括新颖的造型设计，也是指家具材料的不断革新，而且每一种材质的家具都各有特点，例如，布艺家具的柔和、铁艺家具的艺术、藤编家具的自然等。小户型居室中要选择哪类家具布置空间，应该根据多方面因素来斟酌。

4.1 实木、板式家具装饰小户型

　　实木家具和板式家具一直都是人们在家装过程中的普遍选择，究其原因，实木家具主要是以其纯天然、环保健康、使用期限长、风格别样等特点取胜，而板式家具则是因为其装饰效果多样、价格相对便宜以及拆装方便等优势而备受欢迎。在小户型居室中，无论打算选用实木家具还是板式家具，都应该考虑所要布置的空间的实际情况，包括面积大小、整体风格等，力争让小户型呈现出大空间的惬意感觉。

方案 01 满是自然气息的客厅

家具选材：实木茶几、实木书架等

设计主题：客厅的墙面装饰和地面布置带有清新的田园韵味，实木材质的茶几和书架相呼应，与花色布艺沙发完美搭配，让客厅空间满是自然气息，能给家人带来怡然、舒适的生活。

精彩细节：保留原色的实木茶几和实木书架等家具摆放在地板上，看起来非常谐调，能给主人带来健康环保、温馨舒适的生活享受，让这间小面积的客厅充满了自然气息。

方案 02 淳朴明朗的居室空间

家具选材：实木茶几、藤艺坐凳等

设计主题：超大落地窗让小户型居室显得非常明朗，再加上木质地板、实木茶几以及布艺沙发等淳朴元素的布置，让这间客厅变得惬意而温馨，能给主人提供优质的生活。

方案 03
古典高贵的客厅装饰

家具选材： 实木沙发椅等

设计主题： 小户型的客厅要设计成古典高贵风格不能依靠太多的装饰品，实木材质的沙发椅、端景柜等摆放其中，兼具实用性和装饰性。

精彩细节： 板式家具造型简约时尚，组合式布置在客厅的视听区，能最大限度地满足主人的使用需求，而且不会占用太多空间，是小户型居室的首选。

方案 04
整齐布置的实木家具

家具选材： 实木茶几、实木博古架、实木角几等

设计主题： 名贵实木材质的各式家具以对称、严谨的形式布置，整齐而紧凑，展现着传统的中式韵味。实木家具的使用期限长，装饰效果强烈，用来布置客厅尽显经典气质。

方案 05
精巧家具布置客厅

家具选材： 实木茶几、布艺沙发等

设计主题： 要让小户型客厅变得宽敞明亮，家具的选择最好以精巧、简约为主要原则，实木材质的茶几、沙发椅等还展现出了自然的淳朴气息。

方案 06
怀旧家具装饰客厅空间

家具选材： 板式沙发、藤艺收纳筐等

设计主题： 主人以软木地板装饰居室空间的地面，可以看出对生活的高品位追求。但是在意境营造上，却偏偏选用怀旧风格来设计，灰色的板式沙发造型简约而优雅，搭配藤艺收纳筐显得怀旧、质朴，家具的集中布置不仅为小户型客厅节约了空间面积，同时还具备了收纳整理的实用性功能。

方案 07
超强收纳的板式储物柜

家具选材： 板式储物柜等

设计主题： 板式家具的最大优点就是造型多变、拆装方便，具备多收纳空间的板式储物柜分类收纳的能力很强，能让主人的整理工作变得更加得心应手，而且储物柜靠墙摆放，还能最大限度地利用面积，为小户型居室腾出更多的自由空间。

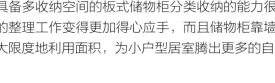

08

简约板式家具布置客厅

家具选材： 板式电视柜、板式茶几等

设计主题： 在这间客厅中，板式家具的简约、时尚特征被完美地展现了出来，低矮造型的电视柜和茶几整齐布置，能在视觉上增强空间的高度感，从侧面缓解小户型居室常见的局促感，让主人的生活变得更为舒心。

方案　09

古典实木家具装饰居室

家具选材： 实木储物柜、实木座椅等

设计主题： 深棕色的实木储物柜、座椅等家具布置居室空间，展现出的古典、高贵气息非常浓郁。实木家具不变色、不变形等特点能让这种古典韵味长久持续，装饰效果非常明显。

精彩细节： 统一材质、统一风格的桃木家具以茶几为中心围式摆放，高贵、古典的视觉效果显得更加强烈。

09

方案 10
组合式茶几的装饰效果

家具选材： 板式组合茶几、布艺沙发等

设计主题： 在"L"形布艺沙发的内侧，摆放一款造型简约却带有强大收纳能力的组合式茶几，更为小面积客厅的整洁效果做出了贡献。灵活移动、方便拆装的组合式茶几也正是板式家具的最大亮点，使其非常适合于现代都市空间。

方案 11
大小家具搭配布置空间

家具选材： 实木茶几、板式储物柜等

设计主题： 高大的板式储物柜贴墙摆放，精巧的实木茶几、座椅等家具居中布置，是小户型居室中最佳的布局形式。同时，无毒、无味的家具选材也能带给主人放心、舒适的健康生活。

方案 12
多功能的板式储物柜

家具选材： 板式储物柜等

设计主题： 同时具备了展示、收纳、装饰等多功能的板式储物柜摆放在空间一侧，是小户型居室保持整洁、宽松环境的一大保障。而且板式储物柜拆装方便，主人可以根据实际条件进行改装。

高贵与质朴的完美结合

家具选材： 实木茶几、电视柜、皮质沙发等

设计主题： 实木茶几和电视柜上的纹理自然清新，环保健康，演绎着质朴气息，而亮黑色的皮质沙发以围和式摆放，用经典高贵的风范与实木家具构成了呼应，实现了完美结合。

13

14

方案 **14**
简约餐桌椅勾勒出的餐厅

家具选材： 板式餐桌、金属餐椅等

设计主题： 造型简单、质地轻便的板式餐桌与金属材质的餐椅搭配摆放在一起，形成了家人的用餐空间。

15

方案 **15**
不同家具的不同功能

家具选材： 实木茶几、实木电视柜、板式餐桌等

设计主题： 小户型居室的客厅包容了家人的用餐区，在家具选材上区别很明显，这不仅是风格上的差异，更是实用性的考虑。茶几、电视柜等家具集装饰和实用于一体，所以选择实木材质，而餐桌的使用磨损大、易脏，因此以板式家具为最佳。

精彩细节： 板式茶几的表面作上漆、打蜡处理，能延长其使用期限，让板式家具变得更实用。

白色精巧家具布置客厅

家具选材： 板式茶几、板式沙发等

设计主题： 纯净的白色外观、精巧的造型设计，让板式茶几和沙发等家具显得更加轻便、简约，整齐摆放在客厅中，搭配上靓丽色系的墙面装饰和布艺品点缀，令整个空间显得清新、惬意，极大地缓解了面积狭小造成的压抑感。

同一色系的板式家具

家具选材： 板式茶几、电视柜等

设计主题： 布置客厅空间的板式家具全部采用简约精致的造型和统一的黑色系装饰，在视觉效果上具有很强的整体感，同时，板式家具的精巧设计也不会让这间小面积的客厅显得很拥挤。

精彩细节： 可以自由拆装、折叠的板式餐桌轻便、简约，移动起来非常方便，布置小户型居室很合适。搭配金属、藤艺餐椅，能让家人一起享受快乐的用餐时光。

方案 18
现代橱柜布置厨房空间

家具选材： 板式橱柜等

设计主题： "一"字形的现代组合式橱柜布置厨房空间，显得简约、整洁，不会占用小户型居室中的太多面积。板式橱柜以防火板为主体，以大理石为台面，使用起来质感舒适、易于清洁，让主人每天的烹饪工作变得便捷、享受。

方案 19
家具布置的多重效果

家具选材： 板式书架、实木电视柜等

设计主题： 实木电视柜及背景墙的设计与地板装饰连成了一体，视觉效果非常统一。而书架布置更为巧妙，带滑轮的板式书架质轻、灵活性强，布置在客厅中还兼具了隔断墙的装饰效果。

方案 20
轻盈家具装饰儿童房

家具选材： 板式搁架、板式睡床等

设计主题： 儿童房中的家具布置应该以轻盈、移动灵活、精致、安全等为原则，板式家具恰好能满足这些要求。睡床和搁架设计成低矮的造型还能帮助孩子锻炼自立能力，健康成长。

方案 **21**

实木本色的居室装饰

家具选材： 实木桌椅、实木储物柜等

设计主题： 居室空间中的储物柜、桌椅、端景柜等家具悉数采用原色的实木材质，其自然淳朴、无味环保等特点使整个空间倍显温馨、舒适，搭配上怀旧风格的装饰品，令整体意境古韵味十足。

方案 **22**

经典组合柜装饰空间

家具选材： 板式组合柜等

设计主题： 板式家具的优点之一就是可设计性和造型多种多样，能最大限度地满足主人的需求，例如，这款经典组合柜的设计包含了衣柜、电视柜、端景柜等多种功能，极为实用。

21

精彩细节： 组合式电视柜以板式家具为主要元素，可以灵活拆装、自由组合，主人可以根据自己的意愿和实际情况随意搭配，在小户型居室中使用起来非常方便。

方案 **23**

贴墙布置的板式衣柜

家具选材： 板式衣柜等

设计主题： 板式衣柜沿墙体布置，既能丰富墙面装饰，又节约了小户型居室的面积。板式家具的取材广泛，价格相对经济，而且设计出的造型多变，实用功能非常强，很受人们欢迎。

22

23

方案 **24**
实木餐桌椅装饰餐厅

家具选材： 实木餐桌椅等

设计主题： 餐厅空间的布置贵在健康环保、温馨惬意，所以主人选用实木材质的餐桌装饰餐厅，让家人的用餐时间变得更为享受。

方案 **25**
"原汁原味" 的实木家具

家具选材： 实木端景桌、实木座椅等

设计主题： 居室空间的整体设计和装饰惬意而温馨，木质地板加上清新的墙面装饰能带给家人愉悦的心情和舒畅的生活体验。纯天然的实木端景桌和座椅布置其中，展现着最为质朴的自然味道，再搭配上花瓶艺术品或抱枕布艺品，让整个空间浪漫而唯美，主人的生活变得极为享受。

方案 **26**
精致现代的板式家具

家具选材： 板式搁架、板式餐桌等

设计主题： 板式家具具有拆装组合方便、价格实惠经济等很多优点，但是使用期限往往会受制约，经过加工处理的板式餐桌、搁架等家具耐磨损、耐腐蚀性得到增强，实用性更好，而且还展现出了更为经典的时尚现代感。

4.2 金属家具装饰小户型

　　金属材质的家具自从其兴起并走进人们的视野，就从未淡出过家居装修的选材过程，金属家具以其独有的结构结实、耐磨、耐腐蚀以及造型多变、外观优雅等诸多特点广受人们的欢迎。在空间面积不占优势的小户型居室中，可以充分利用金属家具的组合性特点布置空间，节约更多的室内面积；而且，金属家具在价格方面也相对比较经济，主人在选择时可以更多地考虑自己的需求，以免受到费用方面的制约。

方案 01 金属餐桌椅的现代感

家具选材： 金属餐桌椅等

设计主题： 以金属材质为主，搭配板材组合而成的餐桌椅家具布置餐厅空间，展现出了很强的简约时尚感，也从侧面彰显着主人年轻、活力的现代都市生活。

精彩细节： 金属材质的组合式睡床布置儿童房，安全结实的框架结构可以让家长放心孩子的调皮生活，组合式家具也为儿童房节约了更多面积，方便孩子玩耍。

方案 02 优雅而柔美的卧室布置

家具选材： 金属睡床、布艺沙发等

设计主题： 金属框架的睡床造型优雅，展现着古典艺术美，但是主人担心其冰凉的质感影响睡眠环境，所以又布置了沙发椅、床榻等大量的布艺家具，增添柔美气息。

01

02

古董缝纫机装饰玄关

家具选材： 古董缝纫机等

设计主题： 古董缝纫机融合了铁艺技术和古典造型设计，展现着一种无与伦比的美感和复古韵味，主人将其摆放在居室的玄关区域，既装饰了这部分空间，又可以在上面放置常用物品，极大地方便了主人的生活。

方案 04

雕花设计的金属睡床

家具选材： 金属睡床、板式桌椅等

设计主题： 卧室空间的睡床以金属为主要材质，床头设计出雕花造型并以暗金色装饰，给人一种古典、高贵的质感，搭配厚实、柔软的床品，能让主人的生活变得温馨而浪漫。

精彩细节： 金属材质具有极强的造型可设计性，所以睡床的床头和床尾都能作出较高护栏，让生活变得更舒适。

方案 05
结实耐用的金属搁架

家具选材： 金属搁架等

设计主题： 小户型居室中收纳设计得是否合理将会直接影响整体空间的视觉效果。主人选用金属材质的多层搁架布置收纳，结实耐用的特点能让收纳更加安全稳固，而易擦洗、耐磨损等优点能让金属搁架的使用期限得以最大限度地延长。

方案 06
金属橱柜让厨房更整洁

家具选材： 金属橱柜等

设计主题： 厨房的收纳是很麻烦，也是很重要的一项工作，一定要引起主人的重视，金属材质的橱柜抽屉方便擦洗、清洁，很适合归置烹饪用品，但是要注意进行防腐蚀的镀层处理。

方案 07
古典与现代融合的客厅

家具选材： 金属茶几、实木储物柜等

设计主题： 实木储物柜与金属玻璃茶几搭配布置客厅，呈现出一幅古典与现代完美融合的画面。其中，金属与钢化玻璃组合而成的茶几承重能力很强，而且方便清洁，是现代家居的不错选择。

4.3 软体家具装饰小户型

顾名思义，软体家具最大的特点就是柔软而舒适，以其布置居室空间能带给家人最舒适、最温馨的质感享受。在装饰小户型居室的时候，选用软体家具布置空间，可以充分利用其比较低矮的造型来缓解空间压抑感，而且软体家具的造型都很柔美，装饰空间不会造成生硬、棱角分明的视觉效果，能在人们的心理上营造一种舒缓、惬意的感觉，让生活变得更为享受、高雅。

方案 01
"L"形沙发装饰客厅

家具选材： 布艺沙发、板式茶几等

设计主题： "L"形的布艺沙发装饰客厅，很自然地形成了空间划分，柔软舒适的布艺沙发搭配抱枕，让主人每天的休闲时间变得温馨浪漫。

方案 02
质朴素雅的布艺沙发

家具选材： 布艺沙发、板式电视柜等

设计主题： 布艺沙发呈"L"形摆放，搭配座椅等家具形成了半封闭式的客厅空间，让小户型居室显得很有通透感。布艺沙发以灰色系为主，质朴素雅的气息完美地融入了这间现代风客厅。

精彩细节： 布艺沙发椅的造型非常人性化，质感十分舒适，同时展现出了极强的时尚感。

01

02

提示 家具搭配的原则

成套家具在室内的布置应该符合主人的心理要求，即与主人的职业、文化层次、经济实力、地位、年龄、爱好等因素相互谐调。

简约而淡雅的空间装饰

家具选材： 皮质睡床等

设计主题： 整个空间以白色系作为主流色调，显得非常淡雅、整洁，皮质作为主要材料的睡床既具有舒适、柔软的优点，又兼具耐磨、易清洁的特质，是软体家具中的经典代表，布置于此让整个空间显得更为简约、时尚。

方案 04

小户型客厅的经典布置

家具选材： 布艺沙发等

设计主题： 小户型居室的空间布置关键在于巧妙利用每一寸面积，这间客厅中，"L"形的布艺沙发沿墙顺势摆放，丝毫没有浪费空间，简约抽象的花纹图案还让布艺沙发多了一种美感。

03

精彩细节： 低背型布艺沙发简约、纯净，与现代时尚风格的客厅布置完美搭配，而且布艺沙发特有的柔软质感还能带给主人舒适的生活享受。

方案 05

低矮家具让空间更开阔

家具选材： 布艺沙发、板式茶几等

设计主题： 布艺沙发和板式茶几两种家具全部归属于低矮造型，摆放在小户型客厅中能令空间感更开阔、舒畅。可以自由组合、摆放的布艺沙发也能给主人提供便捷、舒适的生活享受。

04

05

06
尊享生活的卧室布置

家具选材：布艺沙发等

设计主题：造型经典、大气的睡床搭配古典、高贵的床榻、床头灯等软装元素布置卧室，打造了一间高雅的休息空间，展现着主人高品位的生活状态。再摆放一款舒适、柔软的布艺沙发，更方便了主人的睡前小憩。

方案

07
客厅中的布艺元素

家具选材：布艺沙发、布艺坐凳等

设计主题：这间客厅的布置将软体家具的运用发挥到了极致，除了厚实而柔软的布艺沙发能带给主人温馨的生活，由布艺坐凳拼凑而成的茶几造型更展现了软体家具的完美功能。

精彩细节：布艺材质的茶几装饰效果非常独特，能与客厅中的沙发、地毯等布艺品完美搭配，令空间显得更加柔美，如果担心布艺茶几不易清洁，可以在上面摆放胶垫等。

方案 08
布艺与实木装饰空间

家具选材： 布艺沙发、实木茶几等

设计主题： 布艺沙发的柔软质感搭配上实木茶几的淳朴自然，将客厅空间装饰得温馨而惬意，能给主人带来舒心、悠闲的生活体验。

方案 09
浪漫而柔软的布艺睡床

家具选材： 布艺睡床等

设计主题： 除了底部的支脚以外，整个睡床家具均采用布艺品制成，它能给主人带来的柔软舒适质感不言而喻，搭配卧室中布置的长绒地毯和艺术装饰品等元素，使得整个空间浪漫而唯美，细腻而惬意。同时，布艺睡床家具的体积偏小、质量较轻、方便移动，是布置小户型居室的上佳之选。

方案 10
严谨布置的怀旧家具

家具选材： 布艺沙发、板式茶几等

设计主题： 客厅家具以严谨、传统的对称围和式摆放，很有中式风格的怀旧感，低背型的布艺沙发以茶几为中心整齐布置，这样一来主人与家人或朋友便能更好地聊天、谈心。

古朴舒适的小户型客厅

家具选材： 布艺沙发、实木茶几等

设计主题： 小户型客厅中没有摆放多余的家具，以免占用宝贵空间。灰白色的布艺沙发搭配实木茶几，让客厅显得很古朴，为了避免布艺沙发的单调感，主人为其搭配了多个抱枕。

精彩细节： 厚实柔软的三人布艺沙发质朴沉稳，与实木茶几相搭配，令客厅空间显得十分惬意。

方案 12

简单而舒适的布艺睡床

家具选材： 布艺睡床等

设计主题： 这款布艺睡床的造型极其简单，只为追求柔软温馨的舒适感，从中能看出主人对生活的质朴追求。

方案 13

低背型沙发让空间感更佳

家具选材： 布艺沙发、板式茶几等

设计主题： 布艺沙发有一个共同点就是低背型样式，摆放在客厅中视觉效果非常好，能让小户型居室变得开阔、敞亮，而且其柔软、舒心的质感更是其他材质的家具不能媲美的。

14

花色的布艺家具装饰空间

家具选材：布艺沙发椅、布艺坐凳等

设计主题：以布艺材料为主的沙发椅和坐凳质感柔软，能为主人提供优质的生活享受，其独有的花色外观搭配上瓶花装饰品，能为居室空间增添一种清新、浪漫的自然气息，视觉效果也十分唯美、迷人。

15

方案

优雅高贵的皮质沙发椅

家具选材：皮质沙发椅等

设计主题：皮质沙发椅带有经典的高贵感和优雅气质，能展现出主人的生活品位；其易清洁等特点也极大地方便了主人生活。主人将其靠墙摆放，以免过多地占用小户型居室的空间面积。

16

方案

造型美观的布艺沙发

家具选材：布艺沙发等

设计主题：因为布艺材质不必受很多客观因素的限制，所以可以将其设计出多种样式。布艺沙发的造型非常美观，布置在客厅中极大地方便了人们之间的聊天、谈话，气氛定会非常融洽。

17

阳光下的布艺沙发

家具选材： 布艺沙发等

设计主题： 布艺沙发的材料一般是以海绵等填充物为主，将其摆放在窗户附近，在阳光的照耀下，带给家人的质感将会更加舒适。

18

方案 **18**

简约客厅的家具布置

家具选材： 仿皮质沙发、座椅等

设计主题： 小面积客厅因为白色系装饰、简约风格设计以及窗户造型而显得宽敞了许多，仿皮质沙发、座椅等家具的时尚感很强，与空间氛围非常搭配，视觉效果十分精彩。

精彩细节： 皮、布材质结合的软体家具完美地集舒适度和便于清洁性于一体。

亮红色家具装饰空间

家具选材： 仿皮质沙发、坐凳等

设计主题： 在这间尽显个性气质和时尚风范的客厅中，主人选用了亮红色的仿皮质家具装饰空间，非常抢眼。仿皮质的沙发和坐凳既具有软体家具的舒适质感，又避免了布艺家具难以清洁的缺陷，确实是非常不错的家居选择。

方案 **20**

质感柔软的布艺沙发

家具选材： 布艺沙发等

设计主题： 布艺沙发以高档填充物为主材料，质感柔软、舒适，能给家人带来温软的生活体验。主人选择"L"形的低背沙发布置空间，让通透感和隔断性兼具，很适合这间小户型居室。

> **精彩细节：** 四个相同大小的布艺坐凳拼凑组成茶几造型，与布艺沙发和谐搭配；而且四款布艺坐凳可以根据实际需要来分配，灵活性很好，能适应小户型面积较小的环境。

方案 **21**
软体家具完美装饰客厅

家具选材： 布艺沙发、仿皮质茶几等

设计主题： 这间怀旧风格的客厅中大量采用了软体家具，布艺沙发、座椅围绕仿皮质茶几严谨摆放，整齐的视觉效果和舒适质感同时存在。

精彩细节： 纯黑色的皮质茶几体积精巧，不会占用过多的客厅面积，但是其展现出的经典气质丝毫不会减弱，而且与沉稳、端庄的客厅意境非常吻合。

方案 **22**
自由组合的布艺沙发

家具选材： 布艺沙发、板式茶几等

设计主题： 软体家具的自由组合性很强，拼凑在一起不会显得生硬、另类，所以由多款单人沙发组成的"U"形布艺沙发布置客厅，视觉效果非常和谐，舒适质感更是得以完美展现。

方案 ## 23
温软舒适的卧室布置

家具选材： 布艺床榻等

设计主题： 布置卧室应该以温软、柔和的氛围为主，所以以布艺家具是最合适的选择，布艺床榻的摆放能让主人的生活更加方便、舒心。

方案 ## 24
时尚空间的浪漫布置

家具选材： 布艺坐凳等

设计主题： 这间小户型居室以典型的简约、时尚风格来设计，个性十足的墙面装饰展现了主人年轻、活力的特点。在选择家具的时候，主人以布艺坐凳、皮质沙发等软体家具为主，轻巧的造型设计方便随时更换位置、改变搭配方式，让主人的生活变得更加随心所欲、浪漫惬意。

方案 ## 25
怀旧家具装饰出质朴空间

家具选材： 布艺沙发、实木茶几等

设计主题： 居室空间的整体设计呈现出复古、质朴的韵味，实木茶几、餐桌椅等家具摆放其中，能与之相搭配的只有这两款灰色的麻质布艺沙发，看起来十分谐调。

4.4 玻璃、藤艺、塑料等材质家具装饰小户型

　　随着技术工艺的不断更新、发展，以玻璃、藤蔓、石材和塑料等为主要材质的家具逐渐迈入市场，让人们在选用家具布置居室空间时有了更多的方向。小户型居室的最大缺点莫过于空间面积狭小，装饰此类居室的方法除了避免选用大体积家具以外，还可以通过布置新鲜、抢眼的各式元素转移人们的注意力，让个性装饰取代空间所呈现出的拥挤感，此时，玻璃、塑料等材质的家具就是非常好的选择。

方案 01 阁楼客厅的家具布置

家具选材： 石材玻璃茶几等

设计主题： 居室处于阁楼上，所以布置家具时要合理利用空间，例如将低背型沙发摆放在斜面吊顶下就非常合适。而所有家具中的亮点无疑是两款石材和玻璃组成的茶几，经典大气而结实耐用。

精彩细节： 餐厅空间与客厅相连，却有着自己独特的田园风格，除了餐桌上的瓶花点缀，藤艺餐椅更是经典的自然元素，而且能带给家人舒适、健康的质感享受。

方案 02 大理石台面的餐桌

家具选材： 大理石餐桌等

设计主题： 不锈钢金属支架、天然大理石台面组成的餐桌经典大气，与整体空间的风格非常搭配。更关键的是，大理石台面的餐桌方便清洁，同时，其耐腐蚀和耐磨性都非常强。

01

02

现代感十足的空间装饰

家具选材： 玻璃餐桌、塑料餐椅等

设计主题： 玻璃材质的餐桌搭配上塑料材质的餐椅，令餐厨空间展现出十足的现代感。玻璃餐桌清新、整洁，能让主人的用餐心情随之变得舒爽；而且，玻璃台面方便清洗、耐腐蚀性强，主人能迅速而有效地去除上面的污渍。

方案 04

藤艺茶几的自然亲切

家具选材： 藤艺茶几、布艺沙发等

设计主题： 布艺沙发呈"L"形靠墙摆放将空间占用率降至最低，是小户型的常见布局模式。一款藤艺茶几布置在中间，搭配上浓绿的观叶盆栽，自然亲切感扑面而来，给人惬意心情。

精彩细节： 以藤蔓为材质，采用手工编织的茶几独具美观性和自然味道，搭配椰麻地毯等布艺品，尽显柔和之美。而且其无毒、无味的环保健康特质更让人有种亲近感。

05

亲近自然的藤艺收纳筐

家具选材： 藤艺收纳筐等

设计主题： 采用实木作框架结构，由四款大小不一的藤艺收纳筐组合而成的立体式收纳家具摆放在居室中，占地面积很小，但是收纳能力丝毫没有减弱；同时，藤艺收纳筐还具有无毒等环保的特点，可以放置一些需要有卫生保证的家居物品。

方案 **06**

怡然自得的客厅布置

家具选材： 藤编躺椅、藤艺沙发椅等

设计主题： 主人使用藤艺沙发椅对称布置客厅空间，舒适、惬意的质感能让人有种亲近自然的感受，再摆放一款藤编躺椅，搭配上浪漫的布艺品，整个客厅空间显得怡然自得。

06

方案 **07**

自然元素装饰客厅空间

家具选材： 藤艺沙发椅、实木储物柜等

设计主题： 在布置和装饰客厅空间时，主人使用了大量的自然元素，包括实木地板、家具以及瓶花、盆栽等。四款对称摆放的藤艺沙发椅更是将淳朴气息展露无遗，而且具有舒心质感。

07

玻璃茶几的精致现代感

家具选材： 玻璃茶几、仿皮质沙发等

设计主题： 客厅设计和家具布置展现出了十足的简约时尚感，两款白色的仿皮质沙发以玻璃茶几为中心，尽显精致、现代的气质。

精彩细节： 钢化玻璃面的低矮茶几现代感十分强烈，而且玻璃家具的通透性很好，可以减少空间的压迫感，同时还具有质坚、易清洁等很多特点。

方案 09

造型精美的玻璃茶几

家具选材： 玻璃茶几、布艺沙发等

设计主题： 同样质地坚硬的钢化玻璃和金属制成双层式茶几，造型精美而且实用，其释放出的时尚现代感与布艺沙发的柔美形成了鲜明对比，却共同为主人带来了优质生活。

第 5 章

装饰品的选材与装修

现如今，人们对生活质量的要求越来越高，在家装过程中，也就更加关注居室的视觉效果和美观性，因此装饰品的选材和装饰变得至关重要。在小户型居室中，哪种功能性空间搭配哪类装饰品，装饰品的数量多少和摆放位置等都是人们需要关注的问题，本章将会作出详细讲解。

5.1 布艺品装饰小户型

在布置居室的时候，要想营造温馨、舒适的氛围意境，或计划打造特定主题的居住空间，布艺品都是家居装饰过程中最重要的元素之一。特别是对于面积较小的小户型居室来说，无论任何一种材质的布艺品，都带有柔美、温和的个性特点，装饰空间不会占用太多的面积；而且一般来讲，布艺品在装饰居室的过程中往往会具有某种实用性的功能，既美化了空间又方便了生活。

方案 01
柔软抱枕装饰空间

饰品选材： 抱枕、地毯、瓶花等

设计主题： 优雅而时尚的居室空间中，主人选用不同色系的抱枕装点空间，柔美的布艺品不仅视觉效果极好，而且能让人体会到舒适质感。

方案 02
亮色系床旗装点卧室

饰品选材： 床旗、床品等

设计主题： 宽大的睡床家具摆放在卧室中展现着一种经典气质，灰色底色、带有花艺图案的床品与之非常搭配，而一款亮色系的床旗更是巧妙地点缀了空间，增添了视觉效果。

精彩细节： 造型别样的靠垫、抱枕与弧形布艺沙发非常搭配，装饰效果十分精彩。

01

02

提示 布艺品的清洁与保养

布艺品的清洁与保养非常简单，新品购入后以及每次换上清洁布套之后，先喷上防污剂；而平时用干净的吸尘器进行清理即可。

方案 03
布艺品装饰带来的质感

饰品选材： 抱枕布艺品、短绒地毯等

设计主题： 小户型客厅中每一寸面积都是珍贵的，应该在装饰的时候兼具实用功能，白色抱枕、短绒地毯等达到了这种双重性要求。

精彩细节： 花色十分绚丽的布艺品装饰居室，极大地丰富了空间色彩感，具有很强的视觉冲击力，而且布艺品方便拆洗，还可以随时更换，经济实惠。

方案 04
床帘装饰让生活更高贵

饰品选材： 床帘、抱枕等

设计主题： 温馨浪漫的卧室空间中，丝纱质的床帘轻盈飘逸、质感舒适，在灯光的映衬中显得唯美而细腻，让主人的生活变得更加高贵、典雅，很有品位。

05

05
方案 ▸ 儿童房的布艺品装饰

饰品选材： 窗帘、地毯等

设计主题： 儿童房应该布置得多色彩、多童趣、多新奇，在丰富色彩方面，布艺品无疑是最佳的选择，花色绚烂的窗帘等布艺品让空间变得浪漫柔美，地毯更给孩子提供了温暖质感。

提示 ▸ 地毯质量的重要性

　　地毯是家庭装修过程中经常会用到的一种布艺品，既有温软的实用性功能，又有华贵浪漫的装饰效果，所以其质量是非常重要的。地毯的质量直接关系着地毯使用期限的长短，无论选择何种质地的地毯，优等地毯都要求毯面无破损、无污渍、无褶皱，并且色差、条痕以及修补痕迹均不明显，毯边无弯折现象等。就目前来说，地毯一般分为机织和人工两种，购买地毯前应该先区分究竟属于哪种地毯，因为有部分机织地毯往往在使用一段时间之后会出现褶皱、色差、掉毛、掉色等情况，影响装饰效果。

06
方案 ▸ 抱枕装饰带来高雅气质

饰品选材： 抱枕、瓶花等

设计主题： 小面积的卧室因为窗户设计而显得明亮舒畅，而主人并不满足这种简单的布置。又使用灰色系和民族风的抱枕布艺品让空间变得高雅而有气质，同时还能让生活更加舒适。

06

5.2 瓶花盆栽装饰小户型

花与叶是大自然给人类的恩赐，花有花的鲜艳、浪漫，叶有叶的活力、生机，所以瓶花和盆栽是一种独特的家居装饰品，是与其他任何材质、任何类型的装饰品均不相同的。选用瓶花或盆栽作为小户型居室的装饰品，能给居室带来一种清新、田园的气息和韵味，让空间呈现出恬淡、惬意的氛围和意境，如此一来，主人置身其中便会忘却小面积空间造成的压抑感，而去感受大自然的淳朴与清幽。

方案 01
清新盆栽让生活更惬意

饰品选材： 盆栽等

设计主题： 主人在多层造型的藤艺家具上摆放了几款浅绿色的清新盆栽，与室外的自然景致朦胧相连，装饰效果别样而生动，将主人的生活变得更加惬意而舒心。

> **精彩细节：** 餐厅空间的布置和装饰优雅、高贵，彰显着主人的品位，一款瓶花装饰品摆放在端景桌上，为空间注入了清新的自然气息，显得更加惬意。

方案 02
高雅空间中的自然气息

饰品选材： 瓶花、绿植盆栽等

设计主题： 整个居室空间的设计和布置展现出了十足的高雅气质，唯有窗边的绿植盆栽和餐桌上的瓶花带入了清新的自然气息，也能让主人的生活更加健康。

浓绿盆栽装点卫浴

饰品选材： 盆栽等

设计主题： 卫浴空间以白色和橙色为主流色调，在清新氛围中带有一丝浪漫、甜蜜的味道，十分迷人。主人又在墙角摆放了一款盆栽，不会占用太多面积，既装扮了空间，还能净化空气，改善卫浴间的环境。

方案 04
自然植物的布置效果

饰品选材： 绿植盆栽、盆花等

设计主题： 小户型的客厅中没有布置其他的任何装饰品，只是摆放了多款绿植盆栽以及盆花，既能从视觉感上装点空间，又具有净化空气、改善生活环境等功能，非常实用。

精彩细节： 在不影响家人行走的前提下摆放多款绿植盆栽，既能美化环境，又能调节氛围，让主人平心静气。

饰品选材：盆栽、瓶花等

设计主题：创意性地设计墙面装饰，然后巧妙地布置盆栽，再搭配上一款娇艳、唯美的瓶花装饰品，让阳台空间变得极为美观，主人闲暇时间休憩于此，不仅能够放松身体，更可以让自己的心灵得到净化，惬意无比。

方案 **06**
瓶花盆栽的百搭装饰

饰品选材：瓶花、绿植盆栽等

设计主题：以古典怀旧风格布置的客厅中不适合点缀过多的个性装饰品，以免破坏静谧的氛围。而瓶花或绿植盆栽具有百搭特点，摆放在空间中非常合适，还能为其增添清新、怡人的气息。

方案 **07**
瓶花点缀温馨卧室

饰品选材：瓶花等

设计主题：将瓶花摆放在储物柜上不会占用小户型卧室的空间面积，设计理念非常实用。一款灿烂瓶花释放着清新的芳香，再搭配上艺术装饰画，让本就温馨的卧室显得更加浪漫。

方案 08 绿植盆栽装扮雅致空间

饰品选材： 绿植盆栽、装饰画等

设计主题： 客厅空间的布置包容了古典风格和欧式异域情调，雅致气息十分浓郁；在墙角、凸出墙体等位置摆放几款绿植盆栽，不会妨碍家人的自由活动，而且浓浓绿色点缀着空间，自然气息非常明显，让客厅更显静谧。

方案 09 瓶花盆栽改变主人心情

饰品选材： 盆栽、瓶花等

设计主题： 小户型的厨房空间布置得非常紧致，展现出极强的功能性。主人在橱柜台面上摆放了瓶花和盆栽作为装饰品点缀，能改变主人的心情，让烹饪工作变得愉快很多。

精彩细节： 主人在客厅空间的视听区域布置了一两款绿植盆栽，不仅仅是想借此装扮空间，更是希望借助植物的清新绿色缓解家人看电视时的视觉疲劳。

方案 10 布置瓶花的非凡意义

饰品选材： 瓶花、盆栽等

设计主题： 小户型居室中开放式厨房与客厅空间相连，能避免室内太多隔断造成的压抑感。主人在两个空间的界限处布置了高挑的瓶花装饰品，以浪漫味道点缀并划分了空间。

甜蜜卧室中的绿植盆栽

饰品选材：绿植盆栽等

设计主题：整个卧室空间中，橙黄色系占有很大的比例，从色彩上营造了一种温馨、甜蜜的意境，主人在此休息非常享受。一款清新的绿植盆栽摆放在床头一侧，以自然气息活跃了空间氛围，也有利于净化室内空气，让主人生活变得更健康。

方案 12

对称互补的自然元素

饰品选材：瓶花、绿植盆栽等

设计主题：客厅空间高贵而典雅，十分大气，主人在电视背景墙两侧分别布置了瓶花和绿植盆栽，绿色植物能缓解家人的视觉疲劳，而瓶花装饰品的点缀又使空间不失经典气质。

精彩细节：粉红色的墙面装饰浪漫而甜美，以此为背景，角几上的绚烂瓶花很好地融入了客厅氛围，它展现出的自然气息也与木质家具构成了呼应，共同装扮着空间。

5.3 装饰画装饰小户型

对于小户型居室来说，最好的装饰方法应该是在美化了意境的基础上，没有占用宝贵的室内面积，既腾出了更多的空间来设计其他造型或布置家具，又保证了居室的视觉效果，而能达到这种装饰效果的最好选材便是装饰画，它一般以墙面为平台，对居室空间实行立体式的点缀。无论装饰画有无边框、边框的材质属于金属还是实木，只要在画面主题的选择上与空间的整体风格相谐调，就能得到想要的装饰效果。

01 方案
唯美装饰画点缀玄关

饰品选材： 木框装饰画等

设计主题： 玄关区域的墙面上布置了多款装饰画，木框设计成与墙面一致的颜色，更能突显出画面主题的唯美气质，既没有占用玄关面积，又让这片区域的美观度得以大大提升。

精彩细节： 无框装饰画布置餐厅与客厅之间的隔断墙，展现出时尚现代、无拘无束的个性，非常适合简约风格的室内装修，画面主题还表达了一种幸福的生活状态。

02 方案
绽放个性的无框装饰画

饰品选材： 无框装饰画等

设计主题： 展现了艺术、个性与时尚主题的无框装饰画布置客厅墙面，极大地丰富了墙面的视觉感，让整个居室空间充满了活力，彰显着主人年轻的心态和潮流的生活。

01

02

方案 03
温馨客厅的装饰画布置

饰品选材： 塑框装饰画等

设计主题： 浅暖色调装饰客厅空间，加上布艺沙发以及台灯等元素的布置，客厅显得倍感温馨、淡雅。墙面上安置的塑框装饰画以浪漫为主题，给空间增添了细腻、唯美的气息，展现着主人幸福的生活状态。

方案 04
自然味道的装饰画

饰品选材： 木框装饰画等

设计主题： 小户型的卧室空间中使用了大量的实木材质，淳朴而恬静。以自然植物为画面主题的木框装饰画布置床头背景墙，与整体氛围十分融洽，给卧室添加了清新、淡雅的自然味道。

> **精彩细节：** 多款装饰画交错且整齐地安置在墙面上，丰富了客厅空间的画面感，让这间小面积客厅韵味十足。

方案 05
优雅装饰画点缀卧室

饰品选材： 塑框装饰画等

设计主题： 卧室空间布置得高贵而典雅，看起来很有品位；两款画面简单的塑框装饰画点缀床头背景墙，在卧室中有种画龙点睛的意味。

方案 06
恬静舒适的客厅布置

饰品选材： 木框装饰画等

设计主题： 小户型的客厅因为设计了多扇窗户而显得宽敞、明亮，布艺品和对称台灯的布置让空间再添温馨，一幅独特的装饰画点缀沙发背景墙，展现了主人的兴趣爱好。

精彩细节： 以怀旧为主题内容的木框装饰画布置空间，彰显着艺术的气息。

5.4 灯饰、艺术品等装饰小户型

其实，用来点缀小户型居室空间的装饰品不一定必须是油画、挂件等单纯修饰性的物品，可以选择一些既有视觉效果又不失实用功能的物品，例如灯饰等，因为这些装饰品能同时兼具功能性和装饰性，既满足了主人的正常生活，又能让居住环境变得美观、漂亮，还可以从一定程度上为小户型居室节约空间面积，使其更好地满足家人需要，营造温馨、健康的生活环境。

方案 01 优雅的中式灯具

饰品选材： 吊灯、落地灯等

设计主题： 尽管小户型居室采用开放式格局布置，却同样显得典雅而高贵，能看出主人高雅的生活品位。略带中式风格的吊灯和落地灯错开布置，能更好地实现装饰效果和照明功能。

精彩细节： 简约而时尚的居室空间，主人在设计和布置的过程中展现了十足的个性气质，一款造型别样的落地灯与墙面装饰完美相融，视觉效果十分精彩。

方案 02 混搭风格装饰客厅空间

饰品选材： 现代落地灯、古典艺术品等

设计主题： 客厅空间同时展现出现代经典和古典高贵两种截然不同的风格，混搭效果十分明显，简约时尚的落地灯与搁架上的古典花瓶艺术品更将这种混搭效果推至了巅峰。

01

02

方案 03
半开放式空间的灯饰布置

饰品选材： 台灯等

设计主题： 居室以半开放式格局布置，让通透性与隔断效果并存，对于小户型居室来说视觉效果非常好，主人将台灯摆放在空间连接的拐角处，除了高雅的装饰性以外，良好的照明效果让家人的生活变得方便而安全。

方案 04
书房区域的时尚落地灯

饰品选材： 时尚落地灯等

设计主题： 划出空间的一角设计成书房区域，展现了主人对文化的追求和内涵修养。时尚个性的落地灯设计与空间氛围非常搭配，良好的散光效果也能最大限度地满足主人的照明需求。

精彩细节： 明亮的壁灯设计或许并不抢眼，但是搭配上墙面装饰，立即在客厅中渲染出浪漫、温馨的气息。

方案 05
靠墙布置的落地灯

饰品选材： 落地灯、装饰画等

设计主题： 高挑的落地灯造型可爱、色彩温馨，装饰效果和照明功能同样强大，布置客厅非常合适。鉴于落地灯的体积较大，所以主人将其靠墙摆放在沙发一侧，不会占用太多的空间面积，更不会影响家人的自由走动。

方案 06
华丽绽放的水晶台灯

饰品选材： 水晶台灯、墙面艺术品等

设计主题： 主人将卧室空间设计得高贵而典雅，能带给家人优越的生活享受。尤其是一盏华丽的水晶台灯摆放在内，搭配墙面上布置的金色艺术品，毫无疑问是整个空间的焦点所在。

方案 07
造型时尚个性的吊灯

饰品选材： 时尚吊灯等

设计主题： 从卧室展现出的气质，能看出主人的生活品位，一盏时尚个性的吊灯安置在吊顶正中央，加上其多面设计，照明效果非常好，给空间带来的视觉美感更是不言而喻。

08
不同灯饰的视觉效果

饰品选材： 吊灯、雕塑艺术品等

设计主题： 开放式客厅因为雕塑艺术品以及时尚家具等元素的布置而倍显精致、优雅，其中灯光的映衬效果更是不容忽视，不同造型的吊灯搭配天花灯，完美地融合了装饰性与实用性。

09
经典元素装扮卫浴

饰品选材： 古典壁灯、雕花艺术品等

设计主题： 小面积的卫浴原本质朴、简单，没有太多的亮点。而主人充分利用墙面空间进行了装扮，古典壁灯加上高雅的雕花艺术品，既没有占用室内面积，又给卫浴间增添了浪漫气息。

 提示 | 挑选灯饰的注意事项

在居室空间中，家具要讲究造型、结构、材质肌理等总体形态效应，而灯饰则应该讲究光线、造型、色质、结构等总体形态效应，两者都是构成建筑环境空间效果的重要基础，它们互为衬托，交相辉映，出现了种种"协作"、"配合"的趋势，所以在挑选灯饰时一定要注意相关的事项。例如：1.灯饰应该结构简单、做工精致、色彩明快，这样的设计更加合理，能充分利用光源，也符合节能的要求；2.美观实用、追求个性，使灯饰的装饰效果得到增强；3.由单光源向多光源过渡，这样才是健康而有益的灯饰设计。

方案 ## 10
低调奢华的卧室灯饰

饰品选材： 水晶吊灯、床头灯等

设计主题： 无论是吊顶上的水晶吊灯、对称布置的床头灯，还是床头背景墙上的射灯，原本都可以尽显奢华气质，而主人却采取了低调的设计。

方案 ## 11
中式落地灯装饰客厅

饰品选材： 中式落地灯、古典艺术品等

设计主题： 客厅空间的布置质朴而怀旧，整体气氛显得祥和、静谧。一款中式传统风格的落地灯摆放在墙角处，并不是常见的暗色系装饰，反而是清新、明亮的设计，让整个客厅变得淡雅而柔和，十分唯美。再加上茶几上的古典艺术品装扮，整个居室的品位瞬间得以提升，从中能看出主人深厚的内涵和修为。

方案 ## 12
怀旧艺术品装扮现代客厅

饰品选材： 怀旧艺术品等

设计主题： 小户型居室的客厅空间以现代、简约风格来布置，造型精巧的家具为居室节约了很多面积，看起来显得很宽敞。而在装饰品布置上，主人选用了怀旧艺术品，以混搭手法融入了沉稳、成熟的气息，装饰效果非常独特。

华贵高雅的灯饰装扮

饰品选材： 灯饰、盆花等

设计主题： 墙角的落地灯与家具上的台灯虽然造型不尽相同，但是华贵、高雅的气质却如出一辙，为客厅空间增添了鲜明的高贵感。

精彩细节： 高脚落地灯不仅在造型上追求美观、优雅，细而直的支架设计搭配较大的灯罩造型，能让光线更好地散射，照明效果非常好。

方案 14

华丽吊灯装饰浪漫空间

饰品选材： 华丽吊灯、瓶花艺术品等

设计主题： 开放式空间采用粉色和紫色装饰墙面，整个空间显得浪漫、唯美，一盏华丽、高贵的吊灯安置在吊顶正中央，让经典气质得以再次升华，十分迷人。

时尚落地灯的艺术效果

饰品选材： 时尚落地灯等

设计主题： 全金属材质的落地灯布置简约风格的客厅空间，现代感十足，与茶几等家具搭配起来非常谐调。落地灯的支架设计成高挑弧形，极具艺术效果，不仅能让照明变得方便、灵活，更能给客厅空间带来很好的视觉感。

墙面设计为客厅增彩

饰品选材： 花瓶、时尚艺术品等

设计主题： 小户型居室的客厅以时尚简约风布置，能最大限度地为其节约空间面积，主人为了美化居室，充分利用了墙面部分，搁板造型搭配上时尚、浪漫的艺术品点缀，十分别致。

精彩细节： 如果实际情况允许，在橱柜的台面上摆放一些时尚造型的陶瓷艺术品或艺术蜡烛，能从视觉感上改变厨房空间的氛围，让主人的心情变得愉悦。

方案 17
优雅艺术品装点餐桌

饰品选材： 优雅艺术品、桌旗等

设计主题： 银色的瓶花艺术品尽显优雅、高贵气质，摆放在餐桌上能很好地调节用餐氛围，而且其光亮的表面设计也方便主人清洁、保养。

方案 18
古典钟饰布置客厅

饰品选材： 钟饰艺术品等

设计主题： 主人采用质朴沉稳、怀旧复古的风格来设计客厅空间，淳朴的木质地板、柔软的布艺沙发都能带给家人舒适、温馨的生活享受。一款极具古典艺术气质的钟饰布置在墙面上，既能装饰出独特的沙发背景墙，同时又不失实用功能，巧妙而完美。

方案 19
优雅艺术品装扮卫浴

饰品选材： 陶瓷艺术品等

设计主题： 卫浴空间的色彩搭配和墙面装饰纯净清新而又浪漫惬意，主人又在洗漱台附近的地面上摆放了陶瓷艺术品，将整个空间装点得极具优雅气质，展现着主人高品位的生活。

方案 20

现代艺术品点缀卫浴

饰品选材： 金属雕像艺术品等

设计主题： 卫浴空间的色彩非常简单，给人的感觉清静而雅致，墙面上和洗漱柜上仅有的线条展现着柔美气质，主人在洗漱台一角摆放了金属材质的雕像艺术品，美化了视觉效果。

精彩细节： 古典造型的艺术品摆放在洗漱台上，能提升卫浴空间的文化底蕴，释放一种古韵味。

方案 21

独具特色的艺术品装饰空间

饰品选材： 仿真艺术品等

设计主题： 以动物为原型的仿真艺术品装扮居室空间，视觉效果非常独特，是主人特殊兴趣爱好的一种外在展现。

方案 22

优雅唯美的客厅布置

饰品选材： 烛台艺术品、时尚落地灯等

设计主题： 客厅空间的硬装修以及家具布置只追求一种简单质朴和舒适温馨，然后依靠装饰品来提升空间的气质和底蕴。多向位的落地灯不仅照明效果极佳，搭配上烛台艺术品等，更营造出了优雅时尚而唯美的氛围和意境。

方案 23
时尚客厅的温馨感

饰品选材： 时尚落地灯、陶瓷艺术品等

设计主题： 大量简约元素布置空间打造了一间时尚客厅，而橙黄色的座椅和落地灯灯罩又为空间增添了温馨、甜美的气息。

方案 24
小户型客厅的丰富装饰

饰品选材： 个性落地灯、陶瓷艺术品、花瓶等

设计主题： 紧凑布置家具的小户型客厅并没有因为面积狭小而影响美观度，创意性的墙面装饰加上个性落地灯、陶瓷艺术品等元素，丰富的装饰让客厅空间尽显古典和浪漫。

精彩细节： 墙角和凹形墙体中摆放的艺术品没有占用空间，而且装饰性很强。